노벨상을 꿈꿔라 5

2019 노벨 과학상 수상자와 연구 업적 파헤치기

노벨상을 꿈꿔라 5

1판 2쇄 발행 2022년 5월 1일

글쓴이	현계영 박응서 목정민
감수	김주한
펴낸이	이경민

편집	허준회 이용혁
디자인	비스킷
펴낸곳	(주)동아엠앤비
출판등록	2014년 3월 28일(제25100-2014-000025호)
홈페이지	www.dongamnb.com
주소	(03737) 서울특별시 서대문구 충정로 35-17 인촌빌딩 1층
전화	(편집) 02-392-6901 (마케팅) 02-392-6900
팩스	02-392-6902
이메일	damnb0401@naver.com
SNS	

ISBN 979-11-6363-110-1 (43400)

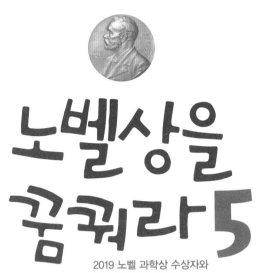

노벨상을 꿈꿔라 5

2019 노벨 과학상 수상자와
연구 업적 파헤치기

현계영 박응서 목정민 | 지음

김주한 | 감수

동아엠앤비

들어가며

**"과학자는 인류에게 혜택을 주기 위해
자연을 관리하는 유능한 사람이다."**

오늘날 과학은 우리 주변 곳곳에 존재합니다. 집안 구석구석에서도 과학이 있고, 커피숍이나 극장, 심지어 한적한 산속의 절에서도 우리는 과학을 만납니다. 알람 소리에 눈을 뜨게 만드는 것도, 취향에 맞는 커피를 만들어 주는 것도, 스마트폰의 놀라운 기능에 감탄하는 것도 과학이 없었다면 이루어질 수 없는 일입니다. 또한 생명과학의 힘을 입어 온갖 질병의 위협으로부터 벗어날 수 있게 되었고, 더 오래 살 수 있는 꿈을 키웁니다.

이러한 과학 기술은 세상을 완전히 변모시켰습니다. 사회뿐만이 아니라 삶의 방식까지 바꾸어 놓았죠. 더욱이 과학과 기술은 국가경쟁력의 중요한 지표가 된 지 오래입니다.

물론, 이러한 변화를 장밋빛으로만 바라보지 않는 사람들도 있습니다. 코페르니쿠스가 지동설을 주장하면서 지구 중심의 세계관이 태양 중심의 세계관으로 변모되었지만 인간과 지구는 자율성으로부터 쫓겨났으며, 다윈 때문에 인간은 동물의 레벨로 떨어지고 말았습니다. 놀라운 처리 능력을 자랑하는 컴퓨터가 발명되었지만 인간은 바보가 되어 버린 것은 아닌지 걱정됩니다. 과학의 발달이 정신문화를 앞질러 버림으로써 우리는 오늘날 정신이 없는 세계에 살게 되었습니다.

과학을 다루는 과학자는 단순히 과학을 도구로 이용하는 사람이 아닙니다. 과학이 인류의 삶에 어떻게 공헌할 수 있느냐를 생각하는 사람입니다. 지금도 과학자의 실험실에는 실험기구들이 가득합니다. 그 실험기구는 인류에게 더 많은 혜택을 주기 위해 존재합니다.

그러한 실험실에서 인류가 실제 혜택을 받을 수 있도록 노력했던 아홉 명의 과학자가 있었습니다. 그리고 그들은 공로를 인정받아 노벨 과학상이라는 명예를 얻었습니다. 물론 그들이 노벨상을 받기 위해 일한 것은 아닐 것입니다. 그들은 명망 있는 과학자였던 뉴턴도, 다윈도, 아인슈타인도 아닌 사람입니다. 그들의 공통점은 세상을 바꾸어 인류에게 혜택을 주고자 했던 남다른 생각을 지닌 사람이라는 것입니다.

그들은 분명 인간을 위한 일에 과학이 쓰여져야 한다고 굳게 믿었을 것입니다. 그래서 그들에게 '자연의 힘을 처리하는 유능한 관리자'라는 칭호를 붙여 주고 싶은 것입니다.

여러분은 과학을 좋아하는 호기심 왕성한 친구들일 겁니다. 여러분의 호기심을 충족시켜 줄 재미있는 내용이 여기 담겨 있습니다. 여러분도 자연을 관리하면서 인류를 위한 일에 앞장서는 사람이 되기를 바랍니다. 여러분에게도 길은 열려 있습니다.

2020년 어느 날

차례

2 **2019 노벨 물리학상**

3 2019 노벨 화학상

4 2019 노벨 생리의학상

2019 노벨상

인류의 삶과 세계관을 바꾼 2019 노벨상

2019년 12월 10일, 스웨덴 스톡홀름과 노르웨이 오슬로에서는 어김없이 6개 분야에 대한 노벨상 시상식이 열렸습니다. 수상의 영광을 차지한 사람은 모두 15명. 물리학, 화학, 생리의학, 경제학 분야 수상자가 각각 3명, 문학과 평화상 수상자가 1명씩인데, 이번에는 2018년 문학상까지 함께 시상했기 때문에 수상자가 모두 15명이 되었어요. 최근에는 과학상이나 경제학상에서 여러 명이 함께 수상하는 경우가 많은데, 이런 공동 수상은 한 분야에 최대 3명까지 가능하답니다. 또 훌륭한 업적을 남겼어도 이미 세상을 떠난 사람은 상을 받을 수 없고요.

수상자를 선정하는 곳은 분야별로 정해져 있어요. 물리학상과 화학상, 경제학상은 스웨덴 왕립과학아카데미, 생리의학상은 스웨덴 카롤린

노벨상은 어떻게 만들어졌을까?

노벨상은 스웨덴의 발명가이자 화학자인 알프레드 노벨이 남긴 유서에 따라 만들어진 상이에요. 노벨은 다이너마이트를 발명해 막대한 재산을 모았는데, 그가 '남은 재산을 인류의 발전에 크게 기여한 사람에게 상으로 주라'는 내용의 유서를 남겼거든요. 노벨상은 1901년부터 물리학, 화학, 생리의학, 문학, 평화 등 노벨이 유서에 적어 놓은 다섯 분야에 대해 시상하다가 1969년부터 경제학상이 추가되었어요. 시상식은 노벨이 세상을 떠난 12월 10일에 열립니다.

노벨상 메달.
©노벨위원회

스카의대 노벨위원회에서 선정하여 매년 10월초에 발표합니다. 그리고 문학상은 스웨덴 한림원, 평화상은 노르웨

노벨상 증서는 그 해의 주제나 수상자의 업적을 나타낸 하나의 예술 작품이다.
ⓒ노벨재단

이 국회에서 정한 노벨위원회에서 결정한답니다.

수상자들은 메달과 증서, 상금을 받아요. 메달 디자인은 분야마다 조금씩 다르지만, 앞면에는 모두 노벨 얼굴이 새겨져 있어요. 증서는 쉽게 말해서 상장이에요. 하지만 노벨상 증서는 단순한 상장이 아니라 그 해의 주제나 수상자의 업적을 스웨덴과 노르웨이의 전문 작가가 그림과 글씨로 표현한, 하나의 예술 작품이랍니다.

상금은 매년 기금에서 나온 수익금을 각 분야에 똑같이 나누어 지급

97세로 2019 노벨 화학상을 받은 존 구디너프 교수가 미국 텍사스대학교 연구실에서 학생들과 이야기를 나누고 있다.
ⓒ텍사스대학교

해요. 그래서 상금액이 매년 다를 수도 있는데, 2019 노벨상의 상금은 2018년과 같은 900만 스웨덴 크로나입니다. 우리 돈으로 약 10억 9천만 원이고요. 공동 수상일 경우에는 수상자 선정 기관에서 정한 기여도에 따라 수상자들이 나눠 갖습니다.

2019 노벨상 수상자들 중에는 몇 가지 눈에 띄는 점이 있습

니다. 먼저 역대 최고령 수상자가 나왔다는 것이에요. 주인공은 화학상을 받은 존 구디너프 교수입니다. 1922년생인 구디너프 교수는 97세로 노벨상을 받았어요. 2018년까지 전 분야를 통틀어 최고령 수상자는 2018년에 96세로 물리학상을 받은 아서 애슈킨 박사였는데, 1년 만에 최고령 기록이 깨진 거지요. 해를 거듭할수록 노벨상 수상자들의 평균 나이가 많아지고 있어요. 특히 과학상 수상자들의 평균 나이는 최근 10년 사이에 열 살 정도 늘어났다고 하니, 구디너프 교수의 기록이 곧 깨질지도 모르겠어요. 구디너프 교수는 고령에도 불구하고 여전히 대학 연구실로 출근하면서 학생들과 연구를 이어가고 있답니다.

2019 노벨 경제학상 수상 소식을 들은 날, 자택 앞의 뒤플로 교수(왼쪽)와 바네르지 교수(오른쪽). ©Bryce Vickmark.

한편, 부부 수상자도 나왔어요. 부부 수상자라고 하면 1903년에 물리학상을 받은 마리 퀴리와 피에르 퀴리 부부가 먼저 떠오르지요? 그런데 이번에 경제학상을 받은 아브히지트 바네르지 교수와 에스테르 뒤플로 교수 부부가 여섯 번째 부부 수상자에 이름을 올렸습니다. 특히 46세의 뒤플로 교수는 경제학상 수상자 가운데 최연소 수상자로도 기록됐어요.

문학상은 이례적으로 2018년과 2019년 수상자가 함께 상을 받았어요. 2018 문학상 선정 작업이 진행되던 중, 한림원의 지원을 받아 활동하던 사진작가에게 오랫동안 성폭력을 당했다는 여성들의 고발이 이어졌어요. 이 문제로 큰 혼란을 겪은 스웨덴 한림원에서는 수상자 선정을

2018 노벨 문학상 수상자 올가 토카르추크 작가.

2019 노벨 문학상 수상자 페터 한트케 작가.

2019년으로 미뤄, 이번에 시상식이 이루어졌답니다.

자, 그럼 2019 노벨상 수상자들은 어떤 공로를 인정받았을까요? 지금부터 노벨 문학상, 평화상, 경제학상 수상자들의 업적과 물리학, 화학, 생리의학 등 노벨 과학상 수상자들의 연구 내용을 간단히 소개할게요.

노벨 문학상
올가 토카르추크 작가와 페터 한트케 작가

알프레드 노벨은 화학자, 발명가, 사업가로 알려져 있지만, 사실 어렸을 때부터 문학에 관심이 많았어요. 게다가 모국어인 스웨덴어를 비롯해 영어, 러시아어, 프랑스어, 독일어 등도 유창해서 여러 나라 작가들의 시나 소설 등의 작품을 원작 그대로 즐겼다고 해요. 또 직접 시나 소설, 희곡을 쓰기도 했고요. 노벨상에 문학상이 포함된 이유는 노벨이 문학을 좋아했기 때문이랍니다.

앞서 얘기한 우여곡절 끝에 2018년 수상자로는 폴란드의 올가 토카르추크 작가가, 2019년 수상자로는 오스트리아의 페터 한트케 작가가 선정되었습니다.

1962년에 폴란드에서 태어난 올가 토카르추크 작가는 도서관 사서였던 아버지 덕분에 어렸을 때부터 책을 많이 읽었다고 해요. 1993년에 첫 소설을 발표하면서 주목을 받기 시작하여 1996년에 발표한 『태고의 순간들』이라는 작품으로 폴란드를 대표하는 작가 대열에 올랐지요. 이 작품은 우리말로도 번역되어 있는데, '태고'라는 가상의 마을을 배경으로 짤막한 이야기 84개가 펼쳐집니다. 제1·2차 세계 대전, 유대인 학살 등 20세기에 폴란드에서 벌어진 역사적 사건들을 주인공들이 겪어내는 과정을 그리고 있어요. 이외에도 『방랑자들』과 그림책 형식의 『잃어버린 영혼』도 번역되어 있답니다.

한편, 페터 한트케 작가는 1942년 오스트리아에서 태어났어요. 1966년부터 작품 활동을 시작하여 지금까지 소설, 수필, 희곡, 시나리오 등 수십 편의 작품을 발표했고, 제2차 세계 대전 이후 유럽에서 가장 영향력 있는 작가로 꼽힙니다. 그는 실험적인 작품을 많이 쓰기로 유명한데, 『관객모독』이라는 희곡은 정해진 줄거리 없이 무대에 선 배우가 관객들에게 직접 말하는 새로운 형식의 작품이에요. 현대 사회를 풍자하면서 관객에게 욕설을 퍼붓기까지 해 문학계와 연극계에 큰 충격을 주었지요. 우리나라에서도 공연된 적이 있고요. 그의 이런 독창성이 노벨상 수상으로까지 이어졌다고 할 수 있어요. 사실 한트케 작가는 매년 노벨 문학상 수상자로 거론될 정도로 오래 전부터 수상이 예상됐던 작가입니다. 그런데 그의 수상 소식이 알려지자, 1990년대 유고 내전 때 크로아티아인과 보스니아인을 학살한 당시 유고 대통령을 옹호했다며, 과연 그가 노벨상을 수상할 자격이 있는지 논란이 되기도 했어요.

노벨 평화상

아프리카에 평화의 물결을 일으키다

아비 아머드 알리

2019 노벨 평화상을 수상한 에티오피아의 아비 아머드 알리 총리. ⓒ노벨미디어/Ken Opprann

노벨은 생전에 평화 운동에도 관심을 가지고 있었어요. 특히 유럽의 평화 운동가인 베르타 폰 주트너의 영향을 받았는데, 그녀에게 보낸 편지에는 '유럽의 평화에 기여한 사람에게 유산의 일부를 상금으로 주는 상을 만들고 싶다.'라는 내용이 적혀 있었다고 해요. 결국 노벨은 평화상을 만들었고, 베르타 폰 주트너는 1905년에 노벨 평화상을 수상했답니다.

2019 노벨 평화상은 에티오피아의 아비 아머드 알리 총리에게 돌아갔습니다. 에티오피아는 이웃 나라인 에리트레아와 오랫동안 국경을 둘러싼 전쟁을 치르면서 수만 명이 목숨을 잃는 아픔을 겪어 왔어요. 그런데 2018년 4월, 아비 총리가 취임하면서 두 나라 사이에는 화해 분위기가 만들어졌고, 마침내 20년 가까이 계속된 전쟁을 끝내는 종전 선언을 이루어 냈답니다.

노벨위원회에서는 아비 총리의 화해의 손길을 받아들인 에리트레아의 아페웨르키 대통령의 공도 인정했어요. 평화를 이루는 것은 어느 한쪽만의 노력으로 되는 것이 아니라면서 말이지요. 아비 총리는 갈등을 겪고 있는 주변 나라들 사이에 중재자 역할도 해서, 사실상 동부. 북동부 아프리카에 평화의 물결을 일으키고 있답니다.

노벨 경제학상
다양한 실험으로 빈곤 문제를 해결하다
아브히지트 바네르지, 에스테르 뒤플로, 마이클 크레이머

경제학상은 노벨의 유서에는 없는데, 1968년에 스웨덴 중앙은행에서 노벨을 기념하는 뜻으로 만든 상이지요. 1969년부터 시상하기 시작하여 상금은 스웨덴 중앙은행에서 별도로 마련한 기금에서 지급합니다.

2019 노벨 경제학상은 빈곤 문제를 해결하기 위한 다양한 실험을 도입하여 연구한 경제학자 세 명이 수상했습니다. 미국의 매사추세츠 공과대학교(MIT)의 아브히지트 바네르지 교수와 에스테르 뒤플로 교수, 하버드대학교의 마이클 크레이머 교수가 그 주인공이에요.

이들은 빈곤 지역을 직접 찾아다니며 현지 상황에 맞는 해결책을 찾기 위한 실험을 했어요. 예를 들어, 빈곤 지역 어린이들의 교육을 위해서 가장 필요한 것이 무엇인지 여러 그룹으로 나눠 직접 알아보는 것이지요. 보통 교과서나 무료 급식이 중요하다고 생각하지만, 이들에게 가

빈곤 지역의 어린이들 교육에 가장 필요한 것은 지역에 따라 다르다. 교과서나 무료 급식이 필요할 수도 있지만, 그보다 제대로 된 학습 지도가 훨씬 더 중요할 수도 있다.
ⓒ스웨덴 왕립과학아카데미/Johan Jarnestad

장 필요한 것은 제대로 된 학습 지도인 경우도 있었다고 해요. 다시 말해 빈곤 지역에 무조건 먹을 것을 나눠주고, 학교를 세운다고 문제가 해결되는 것이 아니었던 것이지요.

그 지역의 특성에 맞게 문제를 세분화해서 접근하는 이런 방식이 바로 이번 경제학상 수상자 세 명에 의해 1990년대부터 시작되었고, 그 덕분에 인도에서는 500만 명 이상의 어린이가 혜택을 받았다고 해요. 노벨위원회에서는 이번 수상자들이 빈곤과 싸우는 인류의 능력을 한 단계 올려놓았다고 평가했답니다.

2019 노벨 과학상

노벨 과학상은 물리학·화학·생리의학 등 세 분야로 이루어집니다. 2019 노벨 과학상은 각 분야에서 세 명씩 선정되어 모두 아홉 명이 수상했답니다. 1901년 제1회 노벨상 이후 지금까지 전쟁 등으로 시상을 못했던 몇몇 해를 거쳐, 2019년에 노벨 물리학상은 113번째, 화학상은 111번째, 생리의학상은 110번째 시상이었어요.

그러면, 2019 노벨 과학상 수상자들의 연구 내용을 간단히 소개할게요.

1901년 제1회 노벨상 시상식 모습. 당시 물리학상 수상자는 엑스선을 발견한 빌헬름 뢴트겐이었다. ⓒ노벨재단

노벨 물리학상
우주의 역사와 본모습을 밝히다

물리학상은 이전까지 생각해 오던 우주의 모습, 우주에 대한 생각을 바꿔 놓은 천문학자 세 명에게 돌아갔어요. 미국 프린스턴대학교의 제임스 피블스 교수와 스위스 제네바대학교의 미셸 마요르 교수, 디디에 클로 교수가 그 주인공이랍니다.

우주는 138억 년 전에 빅뱅이라는 엄청난 폭발과 같은 사건과 함께 시작했다고 알려져 있습니다. 처음에는 엄청나게 뜨겁고 밀도도 높았지만 팽창과 함께 식으면서 별과 은하, 우리 태양계가 만들어졌고, 그 팽창은 지금도 계속되고 있지요. 우주의 역사를 간단히 정리하자면 이렇게 되지만, 사실 이것을 알게 되기까지는 많은 이론 연구와 끊임없는 관측, 자료의 분석 과정이 필요했지요. 피블스 교수는 바로 그 이론을 만드는 데 중심이 된 학자랍니다.

빅뱅 이론이 학자들 사이에서 많은 지지를 받게 된 것은 피블스 교수가 이론적으로 예측했던 '우주 배경 복사'가 실제로 관측되면서부터예요. 그 이후 피블스 교수가 이론적으로 계산하여 예측한 것들이 관측으로 증명되면서 우주의 역사가 한 줄씩 채워지게 되었답니다.

한편, 마요르 교수와 클로 교수는 정교한 관측 장비를 개발하여, 태양계 밖에서 '태양과 비슷한 별' 주위를 도는 '외계 행

©스웨덴 왕립과학아카데미/Johan Jarnestad

성'을 처음으로 발견했어요. 사람들은 오래전부터 태양계 너머에 지구나 목성을 닮은 행성이 있을 것이라 생각해 왔는데, 그런 행성이 정말 발견된 것입니다. 이 행성의 발견을 계기로 외계 행성 탐사가 본격적으로 시작되었어요. 그 결과, 지금까지 찾은 외계 행성은 무려 4,000개가 넘고, 지금도 탐사가 이어지고 있답니다. 2019 노벨 물리학상은 두 분야로 나뉘어 선정되었지만, 세 사람의 연구는 모두 우리에게 우주가 어떤 곳인지, 그 본모습을 알게 해 주었지요. 자세한 내용은 39쪽부터 시작되는 '2019 노벨 물리학상'을 보세요.

노벨 화학상
충전할 수 있는 세상을 만들다

화학상은 리튬 이온 전지를 개발한 화학자 세 명에게 돌아갔어요. 미국 텍사스대학교 오스틴 캠퍼스의 존 구디너프 교수와 미국 뉴욕주립대학교 빙엄턴 캠퍼스의 스탠리 휘팅엄 교수, 일본 메이조대학교의 요시노 아키라 교수가 그 주인공이랍니다.

전지에는 탁상시계나 리모컨에 넣는 알칼리 전지, 자동차에 사용되는 납축전지, 스마트폰에 사용되는 리튬 이온 전지 등 여러 종류가 있어요. 이 가운데 리튬 이온 전지는 가벼우면서 높은 전압을 만들어 내는 전지로, 지금까지 개발된 전지 가운데 가장 우수하다는 평가를 받고 있답니다. 스마트폰이나 노트북 컴퓨터 등 휴대용 전자 기기가 널리 보급된 것도 바로 리튬 이온 전지 덕분이죠.

리튬 이온 전지는 전기 자동차에도 사용되고 있습니다. 휘발유나 경

가볍고 성능 좋은 리튬 이온 전지가
개발된 덕분에, 휴대용 전자 기기
시대가 열렸다.
ⓒ셔터스톡

유 같은 화석 연료를 사용하는 자동차는 배기가스가 지구 온난화를 부
추기고 대기 오염을 일으키는 문제가 있는데, 전기 자동차는 이런 문제
가 없죠. 연료가 고갈될 일도 없고요. 또 태양광 발전이나 풍력 발전으
로 얻은 전기를 저장하는 장치로도 리튬 이온 전지가 쓰여요. 그러므로
리튬 이온 전지는 우리 생활을 편리하게 바꿔 놓았을 뿐만 아니라 환경
도 보호할 수 있는 길을 열어 주었다고 할 수 있지요.

전지는 (+)극과 (-)극으로 쓰인 물질에 따라 성능이 결정됩니다. 이번
노벨 화학상 수상자들은 오랜 연구 끝에 안전하면서 가볍고 높은 전압
을 내는 (+)극과 (-)극 물질을 찾아내 마침내 리튬 이온 전지를 완성했답
니다. 자세한 내용은 79쪽부터 시작되는 '2019 노벨 화학상'에서 만나
보세요.

노벨 생리의학상
산소 관련 질병 치료의 길을 열다

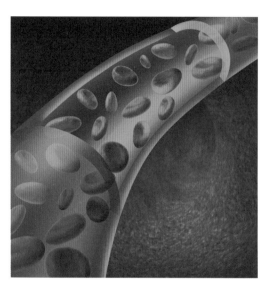

우리 몸에 산소가 부족하면 적혈구가 많이 만들어져 산소 공급을 보충하는데, 이번 생리의학상 수상자들은 우리 몸이 산소량을 어떻게 감지하는지를 알아냈다.
ⓒ셔터스톡

우리는 움직일 때는 물론이고 가만히 누워서 쉴 때에도 에너지가 필요해요. 이때 필요한 에너지는 음식을 먹어서 얻는데, 음식이 우리 몸에서 필요한 에너지로 변신하려면 꼭 필요한 물질이 있습니다. 바로 산소예요. 우리가 산소 없이 살 수 없다고 하는 것은 바로 이 때문이지요.

우리 몸에 산소가 부족해지면 몸속에서는 산소를 채우는 비상조치가 시작됩니다. 먼저 호흡을 빨리 해서 몸속으로 산소를 더 많이 들여보내고, 산소를 실어 나르는 혈액 속의 적혈구를 많이 만들어요. 산소 운반 차량 수를 늘리는 것이지요. 그런데 여기에는 오랫동안 풀리지 않는 수수께끼가 있었어요. 산소가 적당히 있는지, 모자라는지를 우리 몸은 대체 어떻게 아느냐는 것이었죠.

이번 2019 노벨 생리의학상은 바로 세포에서 산소의 양을 어떻게 감지하고 산소가 충분할 때와 산소가 부족할 때 일어나는 구체적인 과정을 알아낸 의학자 세 명에게 돌아갔습니다. 바로 미국 하버드 의대의 윌리엄 케일린 교수, 영국 프랜시스크릭 연구소의 피터 랫클리프 교수, 미국 존스홉킨스대학교의 그렉 세멘자 교수입니다. 우리에게 산소가 반드시 필요한 만큼, 산소와 관련된 질병도 많습니다. 흔히 어지러운 증상이 나타나는 빈혈은 적혈구의 수가 모자라 산소 부족 상태에 이르는 병이

2019 노벨상 수상자 한눈에 보기

구분	수상자	업적
물리학상	제임스 피블스 미셸 마요르 디디에 클로	• 우주의 진화와 구조를 이해하는 이론적인 바탕을 마련 • 태양과 비슷한 별을 공전하는 외계 행성을 최초로 발견
화학상	존 구디너프 스탠리 휘팅엄 요시노 아키라	• 리튬 이온 전지 개발
생리의학상	윌리엄 케일린 피터 랫클리프 그렉 세멘자	• 세포가 산소량을 감지하여 대처하는 구체적인 과정을 밝힘
문학상	2018년 올가 토카르추크 2019년 페터 한트케	• 풍부한 상상력과 열정으로 인간의 삶을 깊이 있게 묘사함 • 인간의 다양한 경험을 독창적인 언어로 탐구함
평화상	아비 아머드 알리	• 에티오피아에서 독재를 끝내고, 이웃 나라 에리트레아와 종전 선언을 이룸
경제학상	아브히지트 바네르지 에스테르 뒤플로 마이클 크레이머	• 국제적인 빈곤 문제를 해결하는 데 다양한 실험을 도입함

고, 심장에 산소가 공급되지 않아 심장 근육 조직이 죽는 심근 경색 또한 산소와 관련된 질병이지요. 또 암도 초고속으로 암세포를 증식하는 과정에서 주변 산소를 다 끌어다 쓰므로 산소와 관련이 깊습니다.

그런데 산소의 양을 어떻게 감지하는지 안다는 것은 산소의 양을 조절해 병을 치료할 수 있는 가능성이 열렸다는 뜻이기도 합니다. 그래서 이들의 연구 이후, 질병에 따라 산소량을 늘리거나 줄이는 방향으로 치료제 개발이 활발하게 진행되고 있답니다. 113쪽부터 시작되는 '2019 노벨 생리의학상'에서 자세한 설명을 만나보세요.

2019 이그노벨상

커피를 덜 쏟으려면 컵의 위쪽을 잡으라
는 연구 결과가 있다는데, 들어 봤나요? 오래된
미술 작품 표면을 닦는 데에는 입 속에 있는 침이 가장 좋다는 얘기는
요? 스트레스를 받을 때 저주 인형이 효과가 있다는 연구 결과도 있대
요. 이런 연구를 하는 사람도 있냐고요? 있답니다. 심지어 상도 받은 걸
요. 이제는 꽤 유명해져서 알 만한 사람은 다 안다는 그 '이그노벨상' 말
입니다.

이그노벨상은 미국의 『황당무계 연구 연보(Annals of Improbable
Research)』라는 과학 유머 잡지의 편집부와 기자, 과학자, 의사 등으로 이
루어진 위원회에서 매년 전 세계에서 추천받은 연구 중 가장 기발한 연
구를 뽑아 수여합니다. 재미있고 황당할 수
도 있는 연구를 소개해, 어렵게만 느껴지는
과학에 관심을 갖기를 바라는 마음도 있다
고 해요.

시상식은 미국 하버드대학교의 샌더스
극장에서 매년 9월에 열리는데, 여기에는 실
제 노벨상 수상자들이 시상자로 참석해요.

2019년에도 유쾌한 이그노벨상 시상식
이 열렸습니다. 시상 분야는 물리학, 화학,
생물학, 문학, 경제학을 포함해 모두 10개인
데, 그 해 추천받은 연구에 따라 해마다 조금
씩 바뀝니다. 시상식에서 수상자는 소감을

2019 이그노벨상 시상식 포스터
©improbable.com

딱 1분 동안만 얘기할 수 있어요. 연설은 길면 지루한 법! 1분이 넘으면 여덟 살 친구가 나와 "그만해요."를 끊임없이 외쳐요. 그래서 수상자들은 아무리 하고 싶은 말이 많아도 절대 1분 이상 말할 수가 없답니다.

자, 그럼 2019 이그노벨상 수상자들의 기발한 연구 내용을 한번 살펴볼까요? 참, 기억해 두세요. 이그노벨상 수상자들은 각 분야에서 실제 진지한 연구를 하는 학자들이라는 사실을요.

의학상
피자를 먹으면 암에 걸릴 확률이 낮다?

피자는 본고장 이탈리아뿐만 아니라 전 세계 사람들이 즐겨 먹는 대표적인 음식이지요. 그런데 피자를 먹으면 먹는 즐거움뿐만 아니라 건강까지 챙길 수 있다는 연구 결과가 나왔습니다.

2019년 의학 부문 이그노벨상을 받은 이탈리아 밀란에 있는 마리오 니그리 약물학연구소의 실바노 갈루스 박사 팀에서는 직장암이나 식도암 같은 소화기 계통의 암 환자 3,300여 명을 상대로 평소에 피자를 얼마나 먹는지 조사했어요. 피자를 거의 안 먹는 사람과 일주일에 한 번 이상 먹는 사람, 어느 쪽이 더 많았을까요? 피자를 거의 안 먹는 사람이 많았답니다.

암 환자 중에 피자를 안 먹는 사람들이 더 많다는 것은, 바꾸어 말하면

피자를 먹으면 암 예방 효과가 있다고 한다.
©셔터스톡

피자를 자주 먹는 사람들이 암에 덜 걸린다는 얘기가 되죠. 연구 팀은 이 조사 결과를 놓고 피자를 먹으면 암 예방 효과를 본다고 해석하면서, 특히 항암 작용을 하는 라이코펜이 풍부한 토마토 소스 덕분이라고 했어요. 시상식에 참석한 갈루스 박사는 수상 소감에서 이런 효과를 보려면 피자는 꼭 이탈리아에서 먹으라고 당부했답니다.

생물학상
죽은 바퀴벌레가 산 바퀴벌레보다 더 세다

생물학 부문의 이그노벨상 시상에서는 동영상 한 편이 상영됐습니다. 냉장고 문에 죽은 바퀴벌레 한 마리를 붙였더니 떨어지지 않고 자석처럼 딱 붙어 있었는데, 이어서 다리를 버둥거리며 움직이는 바퀴벌레를 붙이자 주르륵 흘러내리는 모습이었어요. 바퀴벌레가 등장하자 시상식장 곳곳에서 비명과 웃음이 튀어나왔고요.

철새처럼 자기장을 감지할 수 있는 바퀴벌레는 살아 있을 때보다 죽었을 때 자석의 성질이 더 오래 유지된다.
©셔터스톡

계절에 따라 철새가 보금자리를 잘 찾아다니는 것은 지구 자기장을 감지할 수 있기 때문이에요. 작은 나침반을 몸속에 지니고 있는 셈이지요. 바퀴벌레도 이런 능력을 가지고 있는데, 싱가포르 난양공대 공링준 박사 팀에서는 살아 있는 바퀴벌레와 죽은 바퀴벌레를 각각 자석 위에 올려 두고 자석의 성질을 띠게 만든 다음, 그 성질이 유지되는 시간을 측정했어요. 그랬더니 죽은 바퀴벌레가 산 바퀴벌레보다 훨씬 더 오랫동안 자석의 성질을 유지한다는 결론을 얻었지요. 이 실험은 동물이 자기장을 감지하는 원리를 자세히 알아보기 위해 이루어졌다고 합니다.

5세 어린이는 하루에 침을 약 500밀리리터 만든다고 한다.
©셔터스톡

화학상
5세 어린이는 하루에 침을 얼마나 만들까?

우리는 하루에 침을 얼마나 만들까요? 음식을 먹으면 입에서 침이 많이 나오기도 하고, 가만히 있을 때에도 입속은 항상 촉촉하게 유지됩니다. 화학 부문의 이그노벨상은 5세 어린이가 하루에 만드는 침의 양을 측정한 일본 홋카이도대의 와타나베 시게루 교수 팀에서 수상했어요.

연구 팀에서는 남자 어린이와 여자 어린이 각각 15명을 대상으로 평상시 놀 때와 음식을 먹을 때 만들어지는 침의 양을 각각 쟀어요. 그리고 하루 동안 노는 시간과 전체 식사 시간을 고려해 만들어지는 침의 총량을 계산했더니 약 500밀리리터라는 결과를 얻었답니다. 잘 때에는 침이 나오지 않는다는 가정을 했고요. 이 양은 와타나베 교수의 이전 연구인 성인이 하루 동안 만드는 침의 양(570밀리리터)과 비슷했습니다.

시상식에는 수십 년 전 아버지의 실험에 참여했던 와타나베 교수의 아들이 함께 참석하여, 당시 침의 양을 쟀던 방법을 재연해 참석자들에게 또 한 번 큰 웃음을 안겨 주었습니다.

해부학상
남성 음낭의 온도는 양쪽이 어떻게 다른가?

해부학 부문의 이그노벨상은 남성의 음낭 온도를 잰 프랑스 툴루즈 3대학의 로저 뮤세 교수 팀에게 돌아갔어요. 정말 '이런 것도 연구해?'라는 생각이 들죠? 음낭 온도에 대해서는 오래 전부터 왼쪽이 더 높다, 양쪽이 같다 등 의견이 분분했어요. 그래서 이 논란을 끝내고자 뮤세 교수 팀에서는 옷을 입고 있을 때와 벗고 있을 때, 일정 시간 동안 가만히 서서 일할 때와 앉아서 일할 때 등 다양한 경우에 대해서 양쪽 온도를 쟀지요. 정밀 온도 측정기를 사용해서 온도를 잰 결과, 왼쪽이 오른쪽보다 확실히 높다고 합니다.

평화상
긁으면 가장 시원한 곳은 어디?

갑자기 등이 가려워서 손을 위로도 해 보고 아래로도 해서 긁으면 시원해지는 경험은 다들 해 본 적이 있죠? 어떨 때에는 가느다란 머리카락 한 올 때문에 벌어지는 일이기도 하지요. 우리 몸에서 가장 가려움을 잘 느끼는 곳은 어디일까요?

영국과 싱가포르 등 여러 나라의 심리학자, 피부과 전문의, 생물 통계학자로 이루어진 연구 팀에서 가려운 정도와 긁었을 때의 만족감 등을 수치로 나타내는 연구로 평화상을 받았어요.

이들은 식물의 털로 등, 팔, 발목 등을 가렵게 한 다음, 긁었을 때 어디가 가장 시원하다고 느끼는지 조사했어요. 그랬더니 가려움을 가장 쉽게 느끼는 곳은 발목이고, 긁었을 때 가장 시원한 곳은 등이라고 합니다. 그러고 보니 할머니 할아버지들이 효자손으로 주로 등을 긁으시는 것에는 다 이유가 있었네요.

긁었을 때 가장
시원하게 느껴지는
곳은 등이라고
한다.
ⓒ셔터스톡

물리학상
웜뱃의 네모난 똥의 비밀

네모난 똥을 누는 별난 동물이 있다는 것을 알고 있나요? 호주에 사는 웜뱃이 바로 그 주인공입니다. 남들은 다 둥그스름하거나 길쭉한 소시지 모양으로 누는 똥을 네모나게 만들다니, 어떻게 그게 가능할까요? 그 비밀을 캔 미국 조지아공대의 패트리시아 양 박사 팀에서 물리학 부문의 이그노벨상을 받았습니다.

양 박사 팀에서는 로드킬을 당한 웜뱃 두 마리를 해부하여 장을 살펴봤어요. 보통 동물들의 장은 사방으로 똑같이 늘어나서 둥근 소시지 모양의 똥이 만들어져요. 그런데 웜뱃의 장은 잘 늘어나는 부분과 덜 늘어나는 부분이 반복된다는 사실을 알게 됐답니다. 똥은 장의 끝부분에서 죽 같은 상태에서 딱딱한 고체로 변하는데, 장의 이런 특이한 구조가 똥을 네모나게 굳힌다는 결론을 내렸답니다.

양 박사는 보통 주사위 모양을 만들려면 칼로 깎거나 네모난 틀을 이용하는데 웜뱃은 전혀 다른 방식을 사용한다며, 실제 제조 산업에 활용할 수 있는 새로운 기술 개발로 이어질 수도 있다고 했어요.

이외에도 기저귀를 갈아 주는 기계를 발명한 이란 아미르카비르기술대의 이만 패러바크시 교수가 공학상을 받았고, 루마니아와 미국 지폐가 세균을 가장 잘 옮긴다는 사실을 알아낸 터키 네덜란드 독일 연구 팀에서 경제학상을 수상했습니다. 또 동물을 훈련시킬 때 '딸깍' 하는 소리와 함께 보상을 제공하는 '클리커 트레이닝' 방식이 외과 의사들의 수술 훈련에도 효과가 있다는 것을 밝힌 미국의 연구 팀에서는 의학교육상을 받았어요. 그리고 일부러 웃는 표정을 하면 정말로 행복해진다는 본인의 30년 전 연구 결과가 실제로는 그렇지 않다고 고백한 독일의 프리츠 슈트라크 교수는 심리학상을 수상했답니다.

호주에 서식하는 웜뱃은 특이하게도 네모난 똥을 눈다. ⓒ셔터스톡

확인하기

지금까지 2019년 각 분야 노벨상 수상자들의 업적과 이그노벨상 수상자들의 연구 내용을 간단히 살펴봤어요. 특별히 어떤 내용, 어떤 수상자가 기억에 남나요? 여기에 준비된 퀴즈를 풀면서 2019 노벨상에 대해서 한 번 정리해 보기로 해요. 틀려도 되니까 부담은 노노!

01 노벨상은 노벨의 유서에 따라 만들어진 상입니다. 다음 중 노벨이 유서에서는 지정하지 않았는데, 요즘은 시상하는 분야는 어느 것일까요?
　① 물리학
　② 경제학
　③ 문학
　④ 생리의학

02 노벨 문학상은 이번에 2018년과 2019년 수상자가 함께 상을 받았습니다. 2019 노벨 문학상 수상자는 누구일까요?
　① 올가 토카르추크
　② 스탠리 휘팅엄
　③ 페터 한트케
　④ 제임스 피블스

03 2019 노벨상 수상자 중에는 최고령 수상자가 나왔습니다. 누구일까요?
　　① 존 구디너프
　　② 디디에 클로
　　③ 미셸 마요르
　　④ 아서 애슈킨

04 2019 노벨 평화상은 아프리카에 평화의 물결을 일으킨 아비 아머드 알리 총리가 받았습니다. 아비 총리는 어느 나라 사람일까요?
　　① 케냐
　　② 에리트레아
　　③ 우간다
　　④ 에티오피아

05 이번에 경제학상을 받은 경제학자 세 명은 저개발 국가의 이 문제를 해결하기 위해 실험을 도입하는 새로운 방식으로 연구를 했어요. 어떤 문제일까요?
　　(　　　　　　　　　　　　　)

06 물리학상을 받은 제임스 피블스 교수가 이론적으로 예측했던 이것이 관측되면서, 빅뱅 이론이 학자들에게 지지를 많이 받기 시작했습니다. 이것은 무엇일까요?
　　① 외계 행성
　　② 명왕성
　　③ 우주 배경 복사
　　④ 달의 분화구

07 스위스의 미셸 마요르 교수와 디디에 클로 교수는 이것의 발견으로 새로
운 연구 분야를 탄생시켰어요. 무엇을 발견했을까요?
① 태양과 비슷한 별 주위를 도는 행성
② 태양계 안에 있는 새로운 소행성
③ 주기가 40년인 혜성
④ 목성 주위를 도는 위성

08 화학상을 받은 화학자 세 명이 개발한 것으로, 스마트폰, 노트북 컴퓨터
등 휴대용 전자 기기 시대를 여는 데 큰 역할을 한 것은 무엇일까요?
① 납축전지
② 리튬 이온 전지
③ 블루투스 이어폰
④ 태블릿 PC

09 우리 몸에서 산소를 운반하는 역할을 하는 것은 무엇일까요? 산소가 부족
하면 이것이 많이 만들어져서 몸속 구석구석까지 산소가 전달되지요.
① 암세포
② 백혈구
③ 적혈구
④ 혈소판

10 동물의 세계에서 거의 유일하게 네모난 똥을 누는 동물은 무엇일까요? 호
주에 서식하는 동물로, 멸종 위기 동물이라고 해요.
① 웜뱃
② 캥거루
③ 코알라
④ 악어

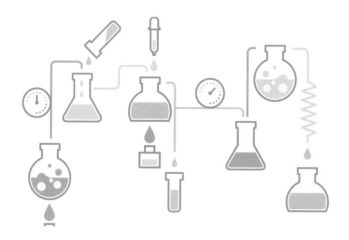

와, 벌써 다 풀었나요?
정답은 아래쪽에 있어요!

2019 노벨 물리학상

2019 노벨 물리학상, 수상자 세 명을 소개합니다!
몸 풀기! 사전 지식 깨치기
본격! 수상자들의 업적
확인하기

©노벨미디어/Nanaka Adachi

2019 노벨 물리학상, 수상자 세 명을 소개합니다!

– 제임스 피블스, 미셸 마요르, 디디에 클로

    2019 노벨 물리학상은 우주를 연구한 이론과 관측 천문학자 세 명에게 돌아갔습니다. 먼저 미국 프린스턴대학교의 제임스 피블스 교수는 우주의 구조와 역사를 밝히는 데 바탕이 되는 이론을 마련한 공로로 수상하게 되었어요. 그의 이론은 우주의 역사를 알려 주는 중요한 관측 자료를 해석하는 근거가 되었고, 실제 관측한 자료는 그의 이론이 옳다는 것을 증명해 주었지요. 지난 수십 년간 이런 과정을 통하여 빅뱅 이후 지금까지 우주의 역사가 밝혀졌답니다.

    2019 노벨 물리학상의 또 다른 주인공은 스위스 제네바대학교의 미셸 마요르 교수와 디디에 클로 교수입니다. 이 두 사람은 태양과 비슷한 별 주위를 도는 행성을 처음으로 발견했어요. 막연히 있을 것이라 생각했던 외계 행성이 드디어 지구인에게 포착된 것이죠. 이 발견 이후 외계 행성 탐사가 본격적으로 시작되어 지금은 연구가 가장 활발한 분야로 자리 잡았습니다.

    스웨덴 왕립과학아카데미에서는 이들의 연구가 우주에 대한 우리의 생각을 바꿔 놓았다고 선정 배경을 설명했습니다.

몸 풀기! 사전 지식 깨치기

    최근 호주의 콴타스 항공 비행기가 런던에서 시드니까지 무려 17,800킬로미터를 쉬지 않고 19시간 넘게 비행하는 데 성공했다는 소식이 있었어요. 비행한 시간과 거리에서 모두 최장 기록을 세웠죠.

"
우주의 역사와 본모습을 밝히다
"

제임스 피블스 미국 프린스턴대학교 명예 교수
1935년 캐나다 위니펙 출생.
1962년 미국 프린스턴대학교에서 박사 학위 받음.
1965년~ 미국 프린스턴대학교 교수.

미셸 마요르 스위스 제네바대학교 명예 교수
1942년 스위스 로잔 출생.
1971년 스위스 제네바대학교에서 박사 학위 받음.
1988년~ 스위스 제네바대학교 교수.

디디에 클로 스위스 제네바대학교 및 영국 케임브리지대학교 교수
1966년 스위스 제네바 출생.
1995년 스위스 제네바대학교에서 박사 학위 받음.
1996~1997년 스위스 제네바대학교 박사후 연구원.
2008년~ 스위스 제네바대학교 교수.
2013년~ 영국 케임브리지대학교 캐번디시연구소 교수.

THE
NOBEL
PRIZE

평소 우리가 생활하면서 움직이는 범위는 기껏해야 수 킬로미터 정도예요. 주말에 나들이라도 나서면 수십에서 수백 킬로미터, 해외여행을 가면 수천 킬로미터를 이동합니다. 만 킬로미터 단위가 등장하려면 논스톱 최장 비행 기록 정도는 돼야 하고요. 이때 어디서부터 어디까지 움직이는지 경로를 그리려면 평평한 우리나라 지도가 아니라 우주에서 내려다보듯 머릿속에 둥그런 지구를 떠올려야 하지요.

우주에서 본 지구의 모습
ⓒ미국항공우주국(NASA)

빅뱅과 함께 시작된 우주

그런데 시선을 지구가 아닌 하늘로 향하면 그야말로 스케일이 껑충 뛰어 버립니다. 가장 가까운 달까지 거리를 얘기하려면 십만 단위가 나옵니다. 38만 킬로미터가 넘거든요. 태양까지 가면 1억 5천만 킬로미터로 억 단위로 넘어갑니다. 얼마나 긴지 감도 잘 안 올 정도로 큰 수이기 때문에 천문학자들은 지구와 태양 사이의 평균 거리를 아예 '1AU(천문단위)'라고 새로운 단위를 만들어 버렸습니다.

더 먼 우주로 나가면 1AU로도 모자라 '광년'이라는 단위를 씁니다. 빛이 1초도 아니고 1년 동안 움직이는 거리이지요. 얼마나 되는지 익숙한 킬로미터로 바꿔 생각할 필요는 없어요. 9 뒤로 0이 12개나 달렸으니까요.

그런데 이렇게 넓은 우주가 점점 커지고 있답니다. 그것도 태어나서 지금까지 138억 년 동안 그래 왔고, 앞으로도 계속이요. 우주가 이렇게

ⓒ위키미디어

안드로메다은하. 에드윈 허블(왼쪽 사진)은 안드로메다은하가 외부 은하라는 사실을 밝혔고, 이어서 외부 은하들 대부분이 우리은하로부터 멀어지고 있다는 것을 발견했다.
ⓒ셔터스톡

커진다, 즉 우주가 팽창한다는 것을 안 지는 100년도 채 안 됐어요. 그 전까지는 우주가 무한한 공간에서 팽창이나 수축 같은 것은 하지 않고 지금 모습 그대로 영원할 것이라 생각했거든요. 밤하늘을 보면 별자리가 계절에 따라 움직일 뿐, 하늘에 박혀 있는 것처럼 늘 같은 모양이었으니까요. 심지어 아인슈타인도 일반 상대성 이론을 발표할 당시 같은 생각이었답니다. 하지만 그 이후 학자들 사이에서 우주가 팽창한다는 주장이 나오기 시작했어요. 그래서 팽창한다와 아니다 사이에 뜨거운 논쟁이 시작되었지요.

그런데 1920년대 말, 천문학자인 에드윈 허블이 이 논쟁을 말끔히 끝냈어요. 우리은하 밖에 있는 은하들을 관측해서 우주가 팽창하고 있다는 반박 불가 증거를 내놓았거든요.

우주가 팽창하고 있다는 것을 발견한 허블의 이름을 딴 허블 우주 망원경으로 관측한 초기 우주의 모습. 사진에 별처럼 밝게 보이는 것 대부분이 별 수천 억 개로 이루어진 은하이다.
ⓒ미국항공우주국 (NASA)

> **성운**
>
> 우주 공간에 가스나 먼지가 구름처럼 뭉쳐있는 천체로, 별이 반짝이는 점으로 보이는 것과 달리 성운은 뿌옇게 보입니다.

　이 발표가 있기 몇 년 전, 허블은 이미 뿌옇게 성운처럼 보이는 안드로메다성운이 사실은 우리은하 밖에 있는 또 다른 은하(외부 은하)라는 것을 알아냈어요. 안드로메다성운까지 거리를 계산했더니 알려진 우리은하 크기보다도 훨씬 큰 수가 나왔기 때문이었지요. 이것은 우리은하 밖에 있다는 뜻이었으니, 안드로메다성운은 우리은하 안에 있는 '성운'이 아니라 또 다른 '은하'였던 것입니다. 우리은하가 우주의 전부라고 알고 있던 사람들이 이때 받은 충격이 채 가시기도 전에 이번에는 영원히 이 상태 그대로 유지될 거라 믿었던 우주가 팽창하고 있다는 증거를 또 내놓은 거예요.

　허블이 우주에 우리은하 말고 다른 은하들도 있다는 것을 발견하기 전, 베스토 슬라이퍼라는 천문학자가 성운 중에 꽤 여러 개가 우리로부터 멀어지고 있다는 사실을 발견한 적이 있어요. 당시 이 성운이 외부 은하인지 몰랐던 슬라이퍼는 본인의 관측 결과를 어떻게 해석해야 할지 난감할 뿐이었죠. 그런데 나중에 이 성운들이 외부 은하인 것을 안 허블은 여기에 더 많은 외부 은하를 추가로 관측하여, 이들이 얼마나 멀어지고 있는지 본격적으로 조사했어요. 그 결과, 안드로메다은하 등 몇몇 은하를 제외하고 거의 모든 외부 은하가 우리은하와 멀어지고 있었어요. 그것도 은하가 멀리 있을수록 더 빠른 속도로 말이지요. 이것이야 말로 우주가 팽창한다는 강력한 증거였습니다.

우주의 시간을 거꾸로 돌리면?

그런데 영원불변하다고만 생각했던 우주가 변한다고 하자, 사람들은 우주가 옛날에는 어땠고, 앞으로는 어떻게 변할 것인지 궁금해졌습니다. 우주의 기원과 진화, 구조를 연구하는 학문을 '우주론'이라고 합니다.

오늘날 우주론 학자들은 우주가 '빅뱅'이라는 엄청난 폭발과 같은 사건과 함께 생겨나 팽창하고 있다고 설명합니다. 우주가 팽창한다고 하므로 100년 전, 1만 년 전, 1억 년 전으로 시간을 거꾸로 돌리면 우주는 점점 작아질 거예요. 그리고 우주가 태어나던 맨 처음 순간까지 거슬러 올라가면 모든 것이 한군데 모여 있다고 생각할 수 있어요. 상상할 수 없을 정도로 뜨겁고 밀도 높은 상태로 말입니다.

이론적인 계산에 따르면 빅뱅이 일어난 지 1초 후에 온도는 무려 100억 도, 밀도는 물의 45만 배나 됩니다. 얼마나 뜨겁고 밀도가 높은지 감이 안 잡히는 건 우주의 크기나 마찬가지네요. 아무튼 이 정도로 뜨겁고 밀도가 높은 상태에서는 아직 별이나 은하는 만들어지지 않았고, 양성자와 전자 등 아주 기본적인 입자와 빛이 있었습니다. 그리고 팽창과 함께 식어서 2분 30초쯤 지나자, 온도는 10억 도까지 떨어졌어요. 온도가 떨어졌다고 해도 10억 도! 여전히 뜨겁고 밀도가 높아 빛이 빠져나올 수 없었어요. 빛이 앞으로 좀 나아가려고 하면 양성자나 전자에 부딪히고 부딪혀 도무지 나아갈 수가 없는 상태였거든요. 안개가 자욱하게 껴서 한 치 앞도 안 보이는 것

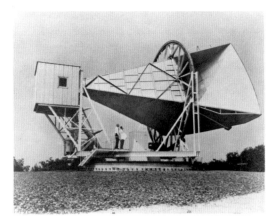

아노 펜지어스와 로버트 윌슨은 이 안테나로 우주 배경 복사를 처음 관측했다. ⓒ미국항공우주국(NASA)

처럼 말이에요. 사방이 불투명한 상태로 우주는 38만 년을 보냅니다.

우주 나이 38만 살이 되자, 온도는 3,000K까지 떨어졌어요. 그러자 큰 변화가 일어났어요. 온도가 낮아지자 전자가 양성자와 결합하면서 수소 원자가 만들어지기 시작한 거예요. 빛이 나아가는 걸 방해하던 전자와 양성자가 줄고, 새로 생긴 수소 원자는 전자나 양성자만큼 빛의 앞길을 가로막지 않았지요. 장애물이 줄어들자 빛은 드디어 공간을 가로질러 다니기 시작했습니다. 그리고 이 빛은 팽창과 더불어 온 우주로 퍼져 나갔지요. 이 빛을 '우주 배경 복사'라고 합니다. 우주 최초의 빛인 셈이지요.

절대 온도(K, 켈빈)

과학자들은 자연에 존재할 수 있는 가장 낮은 온도를 절대 온도 0도로 정했습니다. 단위는 켈빈(K)을 쓰고요. 보통 우리가 쓰는 0℃는 절대 온도로 약 273K랍니다. 간단히 섭씨 온도에 273을 더한 값이 절대 온도라고 생각하면 돼요.

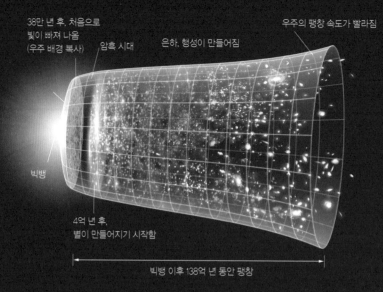

38만 년 후, 처음으로
빛이 빠져 나옴
(우주 배경 복사)

암흑 시대

은하, 행성이 만들어짐

우주의 팽창 속도가 빨라짐

빅뱅

4억 년 후,
별이 만들어지기 시작함

빅뱅 이후 138억 년 동안 팽창

우주의 역사
빅뱅 이후 현재까지 138억 년에 이르는 우주의 역사를 나타낸 그림이다. 우주가 태어난 지 38만 년이
지났을 때 처음으로 빠져나온 빛이 바로 지금도 우주 전체에서 관측되는 '우주 배경 복사'이다.

우주 배경 복사가 발견되다

우주가 빅뱅으로 시작되었다는 것을 처음부터 모든 사람이 받아들 였던 것은 아니에요. 심지어 '빅뱅'이라는 말 자체도 '어떤 사람들은 우 주가 '펑!(big bang: 빅뱅)' 하고 폭발하듯이 만들어졌다고 한다.'라며 빅뱅 이론을 비웃으며 사용한 게 그 시작이었으니까요.

그런데 1964년, 빅뱅 이론을 뒷받침하는 강력한 증거가 발견됩니 다. 미국의 벨 연구소에서 근무하던 아노 펜지어스와 로버트 윌슨이 바 로 우주 최초의 빛, 우주 배경 복사를 발견했거든요. 어떤 이론이 옳다 고 인정받으려면 그것을 뒷받침하는 관측이나 실험 자료가 필요하잖 아요. 그런데 빅뱅 이론을 주장하는 이론가들은 우주 배경 복사가 있을 것이라고 이미 예측하고 있었고 그것이 실제로 관측됐으니, 빅뱅 이론은 막강한 증거와 함께 우주의 기원을 가장 잘 설명하는 이론으로 받아들여지기 시작했죠.

처음으로 우주 배경 복사가 관측되자, 이번에는 좀 더 정밀한 조사를 하기 위해 과학자들은 인공위성을 쏘아올렸습니다. 우주에서 관측하면 공기 중에 떠돌아다니는 온갖 잡음의 방해를 벗어나 우주에서 오는 신호만을 받을 수 있거든요. 1989년 첫 번째 위성인 코비(COBE)가 발사되었고, 이어 더블유맵(WMAP)과 플랑크(Planck) 위성이 우주 배경 복사를 관측했습니다.

그 결과, 우주 배경 복사는 우주 전체에 골고루 퍼져 있으며 온도는 2.7K라는 결론을 얻었어요. 우주의 온도가 3,000K일 때 만들어진 빛이 팽창과 함께 식어 2.7K에 이른 것이지요. 그리고 우주 배경 복사가 우주 전체에 걸쳐서 완벽히 같은 세기로 관측되는 것이 아니라, 10만분의 1이라는 미세한 온도 차이가 있다는 것이 밝혀졌어요. 앞에서 거리나

플랑크 위성이 관측한 우주 배경 복사. 온도 2.7K에 해당하는 빛이 온 우주에 퍼져 있으며, 여기에는 10만분의 1이라는 아주 미세한 온도 차이가 있다는 것이 발견됐다.
ⓒ유럽우주기구(ESA)

허블 우주 망원경이 관측한 먼 우주의 모습. 은하가 새로 만들어지고 다른
은하와 합쳐지기도 하는, 우주 초기의 모습을 볼 수 있다.
ⓒ미국항공우주국(NASA)

온도, 시간 모두 엄청난 스케일을 자랑하는 우주에서 소심하게 10만분의 1 차이가 뭐 그리 중요하냐고요? 뒤에서 자세히 살펴보겠지만, 이 미세한 차이 덕분에 우리가 존재하는 것이랍니다.

또 우주 배경 복사의 정밀 관측으로부터 우주의 나이는 138억 년이며, 별, 은하, 행성, 사람 등 우리가 볼 수 있는 '물질'은 우주의 겨우 5%밖에 차지하지 않는다는 것도 알게 되었지요.

우주의 팽창이 점점 빨라지고 있다

우주 배경 복사의 발견과 정밀한 관측으로 우주의 역사가 조금씩 구체적으로 밝혀지고 있을 때, 또 한 번 놀라운 사실이 알려집니다. 1998년, 우주가 팽창하는 속도가 점점 빨라진다는 연구 결과가 발표된 거예요. 당시 우주론 학자들은 우주의 팽창 속도가 점점 느려진다고 생각하고 있었어요. 그래서 얼마나 느려지는지 알아보려고 멀리 있는 은하를 샅샅이 뒤지고 있는 연구 팀이 있었지요. 바로 미국의 솔 펄머터가 이끄는 팀과 호주의 브라이언 슈미트와 애덤 리스가 이끄는 팀입니다. 두 팀은 공교롭게도 주제가 같은 연구를 하게 되었고, 경쟁하듯 각자 관측에 몰두했어요.

그리고 마침내 얻은 결과는 연구를 직접 한 본인들도 어리둥절하게 만들었어요. 우주의 팽창 속도는 느려지는 것이 아니라, 오히려 빨라지고 있다는 것이었거든요. 그러니까 우주가 점점 더 빨리 커지고 있다는 것이죠. 두 팀 모두 같은 결과를 얻었고요.

사람들이 우주의 팽창 속도가 느려질 것이라고 생각한 이유는 우주를 이루는 물질이 중력으로 서로를 끌어당기기 때문이었어요. 그런데 이제 우주의 팽창 속도가 빨라진다니, 그 가속 페달 역할을 하는 게 무엇인지 찾아야 하는 새로운 숙제를 떠안게 되었지요. 잠시 후 피블스 교수가 제시한 해답을 확인해 보세요.

이렇게 해서 우리는 138억 년 전 빅뱅과 함께 시작해서 지금도 팽창하고 있는, 그것도 팽창 속도가 점점 빨라지는 우주에 살고 있다는 것을 알게 되었습니다. 그런 우주에서도 천억 개가 넘는 은하 중 하나인 우리은하, 그 안에 있는 또 천억 개 넘는 별 중 '태양'이라는 별을 공전하는 '지구'라는 행성에서 말이지요.

행성 어디 또 없나요?

이렇게 지구는 우주에서 그리 특별할 것 없는 위치에 있습니다. 하지만 생명체가 살고 있는 특별한 곳이기도 하지요. 정말 우주에 생명체가 살고 있는 곳은 지구밖에 없을까요? 아니 그보다 태양계 말고 다른 별에도 행성이 있을까요? 이 질문에 답하려면 방법은 한 가지, 직접 찾아보는 수밖에 없습니다.

태양계 안에서는 화성이 생명체가 있을 가능성이 가장 높은 곳으로 꼽힙니다. 탐사 로봇까지 보내 샅샅이 조사하고 있지만, 아직 생명체를

우리 태양계를 이루고 있는 행성들. 지금은 다른 별 주위를 도는 외계 행성이 4,000개 넘게 발견되었다.
ⓒ미국항공우주국(NASA)

만났다는 소식은 없어요. 그렇다면 태양계 밖은 어떨까요? 역시 생명체가 발견되지는 않았지만, 한 가지 확실한 것은 있습니다. 우주에는 지구나 화성, 목성처럼 별 주위를 돌고 있는 행성이 많다는 것이죠.

태양계를 벗어나 다른 별 주위를 돌고 있는 행성을 '외계 행성'이라고 합니다. 지금까지 발견된 외계 행성은 4,000개가 넘고, 이 가운데에는 지구처럼 딱딱한 땅을 가지고 있는 것도 160여 개나 돼요. 어쩌면 생명체가 살고 있는 행성이 있을지도 모르지요.

허블 우주 망원경으로 촬영한 우리은하 중심 방향의 모습. 이렇게 많은 별들 중에는 태양처럼 행성과 함께 있는 별이 있지 않을까? ⓒ미국항공우주국(NASA)

그렇다면 이 넓고 넓은 우주에서 행성을 어떻게 찾을까요?

별빛을 반사하여 빛나는 행성

외계 행성 얘기를 하기 전에 먼저 우리 태양계 행성 얘기를 해 보죠.

태양계에는 행성이 모두 여덟 개가 있어요. 수금지화목토천해. 아마 이렇게 외고 있는 친구들도 많을 거예요. 십여 년 전까지만 해도 명왕성이 아홉 번째 행성으로 이름을 올리고 있었지만, 2006년 세계 천문학자들의 모임인 국제천문연맹(IAU)에서 명왕성을 '왜소 행성'이라 하자

명왕성이 왜소 행성이 된 사연

명왕성은 궤도 모양이나 크기, 질량 등 여러 가지 특성이 특이해서 지구형 행성이나 목성형 행성 중 어느 쪽이라고 정하기 힘들어요. 그런데 2005년, 명왕성 주변에서 명왕성만 한 크기에 질량은 더 큰 천체가 발견됐어요. 명왕성이 행성이면 이 새로운 천체도 행성이라고 해야 하는 난감한 상황이 벌어졌지요. 그래서 고심 끝에 천문학자들은 태양계 행성이 될 자격 세 가지를 정했어요.

"첫째, 태양 주위를 공전해야 한다.

둘째, 자체 중력으로 둥그런 공 모양을 유지할 정도로 무거워야 한다.

셋째, 주변 물질을 흡수하여 질량이 비슷한 천체가 궤도 가까이에 없어야 한다."라고 말이지요.

이 세 가지를 모두 만족시켜야 행성인 겁니다. 그런데 명왕성은 세 번째 자격을 만족시키지 못하기 때문에, 비슷한 특성을 가진 다른 천체들과 함께 '왜소 행성'이 되었답니다.

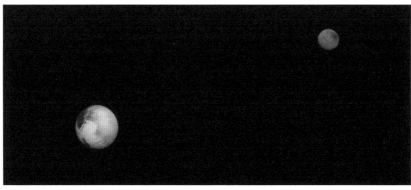

명왕성 탐사선 뉴호라이즌 호가 촬영한 명왕성과 그 위성인 카론의 모습.
©미국항공우주국(NASA)

고 결정했기 때문에 명왕성은 더 이상 행성이 아니랍니다. 그렇다 하더라도 여전히 태양계의 가족이고요.

태양계 행성은 성분에 따라 크게 두 종류로 나뉘어요. 수성, 금성, 지구, 화성처럼 딱딱한 암석이나 금속으로 이루어진 지구형 행성과 목성, 토성, 천왕성, 해왕성처럼 가스로 이루어진 목성형 행성이에요.

지구형 행성은 태양에 가까이 있어서 목성형 행성보다 온도가 높고, 크기는 더 작아요. 반면에 목성형 행성은 태양에서 멀리 있다 보니 온도가 낮고 크기와 질량 모두 지구형 행성보다 훨씬 큽니다. 이 가운데 목성은 지름이 지구의 11배가 넘고 질량은 무려 318배나 되어, 태양계 행성 가운데 가장 덩치가 크고 무겁습니다. 하지만 이런 목성도 태양과 비교하면 크기는 약 10분의 1, 질량은 1,000분의 1 정도랍니다.

밤하늘에서 눈에 띄게 밝은 별이 보인다면, 그건 별이 아니라 행성일

오른쪽 위에 밝게 보이는 금성(위)과 목성(아래)이 별처럼 빛나는 것은 햇빛을 반사하기 때문이며, 다른 별들보다 밝은 것은 가까이 있기 때문이다.
ⓒ셔터스톡

가능성이 높아요. 초저녁 초승달 근처라면 십중팔구 금성일 테고요. 행성은 스스로 빛을 내지는 못해요. 그런데도 별처럼 빛나는 것은 태양빛을 반사하기 때문이랍니다. 이 빛은 본래 태양빛에 비하면 무척 약하지만, 목성이나 금성은 다른 밤하늘 별들에 비해 훨씬 가까이 있기 때문에 눈에 띄게 밝아요. 그렇다면 목성이나 금성보다 어둡게 보이는 바로 그 별들 옆에 행성이 있다고 생각해 보세요. 과연 우리는 이 행성들을

직접 볼 수 있을까요?

행성이 흔드는 별의 움직임을 포착하라

안타깝게도 태양계 밖에 있는 외계 행성을 목성이나 토성 보듯이 망원경으로 직접 보기는 힘들어요. 하지만 행성이 돌고 있는 중심 별을 관측해서 행성이 있다는 것을 알 수 있는 방법이 있답니다.

첫 번째로 소개할 방법은 '시선 속도법'이라는 것입니다.

먼저 행성이 별 주변을 공전하는 모습을 머릿속에 그려 보세요. 중심별은 붙박이처럼 가운데에 고정되어 있는 것 같지만, 사실 조금씩 움직여요. 몸무게 70킬로그램인 어른과 20킬로그램인 아이가 두 손을 마주잡고 돌 때, 어른이 중심을 잡고 있더라도 조금씩 움직이는 것과 마찬가지예요. 별이 행성에 중력을 작용하는 것처럼 행성도 별에 중력을 작용하기 때문입니다. 이런 현상은 우리 태양계에서도 일어나는데, 태양은 목성의 영향으로 1초에 약 12미터를 움직이고, 지구의 영향으로는 1초에 약 9센티미터 움직이거든요.

자, 이제는 이렇게 움직이는 별과 행성을 관측하면 어떻게 보이는지 살펴봅시다. 오른쪽 그림의 ⑴을 먼저 보세요. 행성이 ① 위치에 있으면 별도 ① 위치에 있습니다. 그리고 행성이 ② 위치로 움직이기 시작하면 별도 ② 위치로 움직이는데, 이때 별은 우리 쪽으로 다가옵니다. 자, 이제 그림의 ⑵를 보세요. 행성이 ③ 위치에 있다가 ④ 위치로 움직이기 시작하면, 별도 ③ 위치에서 ④ 위치로 움직입니다. 그러면 이번에는 별이 우리에게서 조금 멀어집니다. 따라서 우리가 별을 보는 방향, 그러니까 시선 방향에서 움직이는 것만 따지면 별은 앞뒤로 왔다 갔다 하는 것처럼 보입니다. 이렇게 시선 방향으로 움직이는 정도를 '시선 속도'라

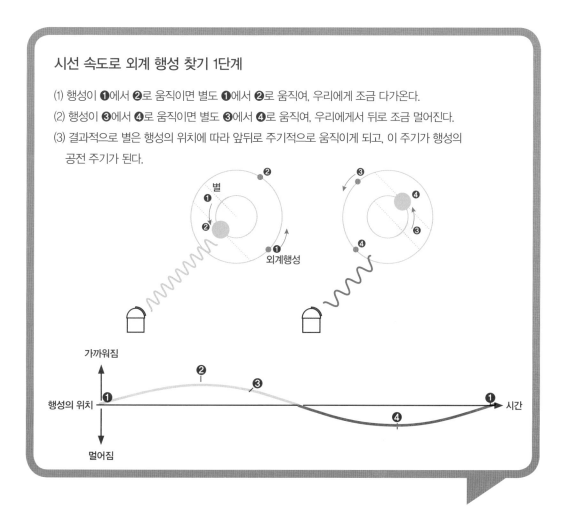

시선 속도로 외계 행성 찾기 1단계

(1) 행성이 ❶에서 ❷로 움직이면 별도 ❶에서 ❷로 움직여, 우리에게 조금 다가온다.

(2) 행성이 ❸에서 ❹로 움직이면 별도 ❸에서 ❹로 움직여, 우리에게서 뒤로 조금 멀어진다.

(3) 결과적으로 별은 행성의 위치에 따라 앞뒤로 주기적으로 움직이게 되고, 이 주기가 행성의 공전 주기가 된다.

고 해요.

별의 시선 속도는 비록 미세하지만 관측할 수 있어요. 바로 별의 스펙트럼이라는 것을 통해서 말이죠.

스펙트럼은 간단히 말해서 빛을 파장에 따라 구분한 것이에요. 햇빛을 프리즘에 통과시키면 무지갯빛으로 나뉜다는 것을 알 수 있듯이, 우리가 볼 수 있는 빛은 여러 색깔로 이루어져 있어요. 이때 빛의 색깔은 파장으로 나타낼 수 있는데, 파란 쪽에서 빨간 쪽으로 갈수록 파장이 길어집니다.

특수한 장치를 통해 별빛을 이렇게 나누어 보면 빨강부터 보라까지 여러 색깔로 나뉜 빛이 바탕에 펼쳐지면서 중간에 까만 선이 나타나요. 이 선의 위치(파장)는 나트륨, 헬륨 등 원소에 따라 정해져 있어서, 천문

시선 속도법으로 외계 행성 찾기 2단계

별이 시선 방향에서 움직이지 않을 때 스펙트럼 선의 위치는 (2)와 같지만, 별이 우리 쪽으로 다가오면 파란색 쪽으로 움직이고(1), 멀어지면 빨간색 쪽으로 움직인다(3).

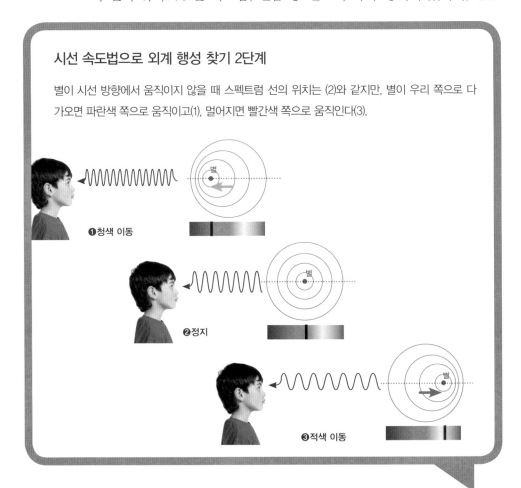

❶청색 이동

❷정지

❸적색 이동

학자들은 이 선의 위치를 보고 별에 어떤 원소가 포함되어 있는지 알아냅니다.

그런데 별이 움직이면 이 선의 위치도 움직여요. 앞으로 다가오면 파란 쪽으로 이동(청색 이동)하고 뒤로 멀어지면 빨간 쪽으로 이동(적색 이동)합니다. 따라서 행성의 위치에 따라 별이 시선 방향에서 앞으로 다가왔다가 뒤로 멀어지기를 반복하면, 별의 스펙트럼에서는 청색 이동과 적색 이동이 주기적으로 나타나지요. 따라서 별의 스펙트럼에서 선의 주기적인 변화가 보인다면, 이 별에는 행성이 있다고 생각할 수 있어요.

사실 앞에서 허블이 은하가 멀어지는 속도를 알아낸 것도 바로 은하들의 스펙트럼을 관측하여 적색 이동을 조사한 것이랍니다.

행성이 지나갈 때 별의 밝기를 조사하라

한편, 별의 밝기 변화를 조사하여 행성이 있는지 알 수도 있어요.

달이 지구와 태양 사이에 있으면 한낮에도 햇빛이 사라지는 일식이

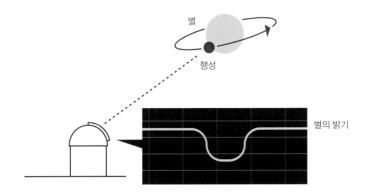

행성이 별 앞을 지나가면 행성이 별빛을 가려 별빛이 어두워진다.
따라서 별의 밝기 변화를 조사해 행성이 있는지 알 수도 있다.

일어나잖아요. 태양의 일부분만 가리면 부분 일식, 전체를 가리면 개기 일식이라고 하지요. 이런 식 현상은 다른 별을 볼 때에도 일어납니다.

별을 관측할 때 행성이 별 앞을 지나가면 행성이 별빛을 가리는 만큼 어두워지거든요. 물론 별에 비해 행성은 무척 작기 때문에 별빛을 가린다고 해도 그 정도는 아주 미미해요. 하지만 이런 밝기 변화를 감지할 수 있다면, 행성을 찾을 수도 있습니다.

시선 속도법을 통해서는 행성의 질량을 알 수 있는데, 식 현상을 이용하면 행성의 크기를 알 수 있어요. 그리고 크기와 질량으로부터 밀도를 구할 수 있기 때문에, 두 가지 방법을 함께 사용하면 행성의 구조까지 알 수 있답니다.

본격! 우주의 역사와 구조를 밝히는 이론을 마련하다

그것은 바로 우주 배경 복사입니다

1964년 펜지어스와 윌슨이 우주 배경 복사를 발견한 것은 처음부터 계획했던 일이 아니었어요. 당시 두 사람은 위성 통신과 관련된 연구로 하늘에 떠다니는 마이크로파를 조사하고 있었어요.

마이크로파란?

마이크로파는 우리가 볼 수 있는 가시광선과 함께 전자기파의 한 종류입니다. 전자기파는 파장에 따라 감마선, 엑스선, 자외선, 가시광선, 적외선, 마이크로파, 전파로 구분합니다. 이 가운데 마이크로파는 파장이 1밀리미터에서 1미터 사이에 해당하는 것으로, 우주 배경 복사가 바로 여기에 해당하지요. 마이크로파는 전자레인지, 휴대전화나 와이파이 등 무선 통신에도 사용됩니다.

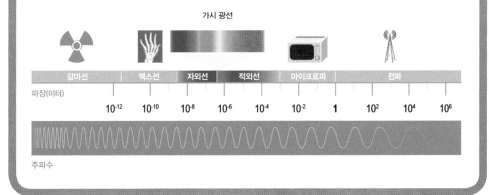

가시 광선

감마선		엑스선	자외선	적외선	마이크로파	전파	

파장(미터)

10^{-12} 10^{-10} 10^{-8} 10^{-6} 10^{-4} 10^{-2} 1 10^{2} 10^{4} 10^{6}

주파수

그런데 커다란 접시 안테나(전파 망원경)에 세기가 꽤 센 신호가 잡히는 거예요. 두 사람은 이 신호를 공기 중에 떠도는 잡음이라 생각해 없애려고 별별 방법을 다 써 봤지만, 전부 소용이 없었습니다. 게다가 안테나가 어딜 향하든 언제나 잡음이 잡혀서 더 문제였죠. 이 신호를 없애지 못한 것은 당연한 일이었어요. 그 신호는 잡음이 아니라 온 우주에 퍼져 있는 우주 배경 복사였으니까요. 하지만 당시 두 사람은 이 사실을 몰랐답니다.

이 시기에 제임스 피블스 교수는 1962년에 미국 프린스턴대학교에서 박사 학위를 받고 빅뱅 이론을 연구하고 있었어요. 그는 동료 연구원들과 함께 우주가 빅뱅으로 시작되었다면 우주 배경 복사가 마이크로파 영역에서 관측될 것이라고 이미 예측하고 있었죠. 그리고 펜지어스와 윌슨의 관측 자료를 보자, 우주 배경 복사라는 것을 바로 알아챘습니다.

사실 우주 배경 복사의 존재는 1946년 조지 가모프, 그리고 1948년에 랠프 앨퍼와 로버트 허먼이라는 물리학자들이 이미 예측한 적이 있었지만, 이들의 연구는 오랫동안 묻혀 있었어요. 그러다 십여 년 후, 이들과 별개로 연구한 디케 교수 팀의 이론 연구와 펜지어스와 윌슨의 관측 결과가 발표되면서 비로소 주목을 받게 되었지요.

우주 배경 복사의 발견은 관측과 이론의 합작품이에요. 우주 배경 복사를 관측한 것 자체도 중요하지만, 그것을 해석할 수 있는 이론이 없었다면 우주 배경 복사인지 잡음인지 알 수 없었을 테니까요.

우주 배경 복사에 숨겨진 별 탄생의 비밀

우주 배경 복사의 관측은 우주가 빅뱅으로 시작되었다는 것을 증명해줄 뿐만 아니라, 별과 은하가 어떻게 만들어질 수 있었는지도 보여 줍니다. 만약 우주 초기에 물질이 완벽히 균일하게 분포했다면 우주는 138억 년 동안 팽창하면서 어떤 모습이 되었을까요? 마치 바둑판의 네 모난 칸이 어떠한 별이나 은하도 만들 수 없도록 물질이 균일하게 분포하는 공간이 되었을 거예요. 하지만 우주에는 별과 은하가 있고, 지금 이렇게 책을 읽고 있는 우리가 있습니다.

2018년, 강의 중인 피블스 교수
ⓒ프린스턴대학교

　그래서 피블스 교수를 비롯한 이론가들은 우주 초기에 아주 미세한 양이라도 다른 곳보다 물질이 많은 곳이 있어야, 여기에 다른 물질들이 중력에 의해서 달라붙어 별도 되고 은하도 될 수 있다고 생각했어요. 물질이 뭉칠 수 있는 중심, 일종의 씨앗이 있어야 한다는 것이죠. 그리

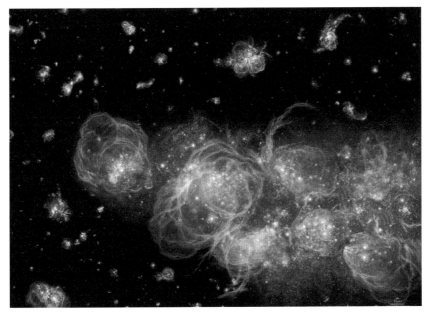

빅뱅 이후 별이 처음으로 태어나는 장면을 상상해서 그린 그림. 우주가 완벽하게 균일했다면, 이렇게 물질이 뭉쳐서 별이 만들어질 수 없었을 것이다.
ⓒ미국항공우주국(NASA)/Adolf Schaller

고 이것은 온 우주에 골고루 퍼져 있는 우주 배경 복사에 미세한 온도 차이로 나타나고, 그 크기가 10만분의 1이라고 예측했습니다. 잔잔하게 보이는 호수 표면도 자세히 보면 작은 물결이 보일 듯 말 듯 일렁이는 것처럼 아주 미세한 차이입니다.

코비를 비롯한 인공위성에서 관측한 우주 배경 복사에서는 과연 이 온도 차이가 발견됐을까요? 네. 놀랍게도 이론적으로 예측한 10만분의 1이라는 온도 차이가 있었습니다. 이렇게 빅뱅 이론은 결정적인 증거를 또 하나 확보했습니다.

우주의 95%는 암흑의 세계

앞에서 잠깐 이야기했지만, 피블스 교수의 이론적인 계산에 따르면 우리가 보통 '물질'이라고 하는 것은 우주에 고작 5%밖에 존재하지 않는다고 해요. 나머지 95%는 우리가 아는 물질이 아닐 뿐더러 볼 수도 없다고 합니다. 우주에는 우리가 아는 것보다 모르는 것이 훨씬 더 많다는 이야기가 되지요.

이 가운데 우주의 26%를 차지하는 것이 무엇인지는 그나마 조금은 알고 있어요. 볼 수는 없어도 물질을 끌어당기는 중력을 작용하는 미지의 '물질'이 있다는 증거가 있거든요. 바로 '암흑 물질'입니다.

암흑 물질이라는 단어는 1920년대에 처음으로 등장했어요. 우리은하를 포함하여 우주에 있는 수많은 은하는 보통 은하단이라는 그룹을 이루고 있어요. 그리고 은하들은 은하단의 중심을 기준으로 회전을 하고요. 그런데 이 은하들의 움직임을 연구하던 프리츠 츠비키는 은하들의 회전 속도가 관측되는 은하들로는 설명이 안 될 정도로 빠르다는 것을 알게 됐어요. 무엇인가가 중력으로 은하들을 붙잡아 주지 않으면 은하들은 은하단에서 뛰쳐나갈 수밖에 없는 속도였거든요. 그래서 츠비키는 보이지 않는 '암흑 물질'이 존재한다고 생각했어요. 그리고 그로부터 수십 년 후, 이번에는 은하를 이루고 있는 별들의 회전 운동을 연구하던 베라 루빈이 암흑 물질 얘기를 다시 꺼냈어요. 중심에서 멀리 있는 별들의 회전 속도가 너무 빨라 비록 관측이 되지는 않더라도 중력으로 별들을 잡아 주는 무언가가 있어야 했거든요.

이후 많은 연구 결과가 더해지면서 우주에 암흑 물질이 있다는 것은 거의 확실해 보입니다. 그런데 문제는 중력만으로 자신의 존재를 드러내는 암흑 물질의 정체예요. 1982년, 피블스 교수는 이 암흑 물질이 우리가 아는 물질과 거의 반응하지 않는 무겁고 '차가운 암흑 물질'일 것이라고 제안했어요. 그리고 현재 암흑 물질 후보 가운데 가장 많은 지지를 받고 있지요. 그 정확한 정체를 밝히기 위한 연구는 지금도 진

나선 모양이 잘 보이는 소용돌이 은하(M51). 우리은하도 비슷한 모양인데, 별들의 회전 속도를 설명하려면 중력으로 별들을 붙잡아 주는 보이지 않는 물질이 있어야 한다.
ⓒ미국항공우주국(NASA)

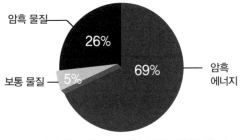

우주 배경 복사의 관측과 이론적인 해석에 따르면
우리가 아는 물질은 우주의 5%를 차지할 뿐이다.
ⓒ스웨덴 왕립과학아카데미/Johan Jarnestad

행 중이랍니다.

우주의 69%는 가속 팽창을 돕는다!

우주의 5%를 차지하는 보통 물질과 26%를 차지하는 암흑 물질을 더해도 우주의 31%밖에 해명이 안 됩니다. 나머지 69%의 정체는 무엇일까요? 피블스 교수는 여기에 또 결정적인 제안을 했습니다. 그것은 바로 '암흑 에너지'라고요. 이번에는 암흑 '물질'이 아니라 암흑 '에너지'예요. 피블스 교수는 현재 밝혀진 우주의 모습을 설명하기 위해서는 끌어당기는 중력이 아니라 밀어내는 역할을 하는 어떤 에너지가 필요하다고 생각했고, 그것을 암흑 에너지라고 한 거예요.

그런데 1998년, 우주의 팽창 속도가 점점 빨라지고 있다는 관측 결과가 나왔어요. 우주의 팽창 속도가 빨라진다는 것은 끌어당기는 게 아니라 밀어내는 역할을 하는 무언가가 있기 때문이죠. 바로 우주에 암흑 에너지가 필요한 이유가 관측된 것입니다.

이렇게 암흑 에너지가 우주의 팽창 속도를 빠르게 하는 역할로 우주에 필요한 것은 알았지만, 구체적으로 어떻게 작동하는지는 아직 몰라요. 우주의 26%를 차지하는 암흑 물질, 69%를 차지하는 암흑 에너지의 정체를 밝히는 것은 현대 물리학과 천문학의 가장 큰 과제가 되었습니다.

본격! 태양계 너머 행성을 발견하다

태양과 비슷한 별 주위를 도는 최초의 외계 행성

빅뱅 이론 연구에서 펜지어스와 윌슨의 우주 배경 복사 발견이 큰 전환점이 되었다고 한다면, 이에 견줄 만한 일이 외계 행성 연구에도 일어났습니다. 바로 1995년 미셸 마요르 교수와 디디에 클로 교수의 외계행성 발견이랍니다. 1995년 이후 외계 행성 탐사와 더불어 행성의 기원에 대한 연구가 조금 과장해서 거의 빅뱅 수준으로 활발해졌기 때문이죠.

1995년, 처음으로 태양과 비슷한 별을 공전하는 외계행성을 발견한 미셸 마요르 교수와 디디에 클로 교수.
ⓒ유럽남반구천문대(ESO)

두 사람이 외계 행성을 찾는 데 사용한 방법은 앞에서 소개한 두 가지 방법 중 시선 속도법이에요. 하지만 넓은 우주에서 고작 1초에 몇 미터라는 미세한 움직임을 포착하기란 쉬운 일이 아니에요. 아주 정교한 장비가 필요하다는 얘기입니다.

미셸 마요르 교수는 1977년에 이미 시선 속도를 측정할 수 있는 장비를 가지고 있었어요. 시선 속도는 별의 스펙트럼을 관측하여 청색 이동과 적색 이동을 조사해서 알아낸다는 것, 기억하죠?

스펙트럼을 관측하는 장치를 '분광기'라고 해요. 이름 그대로 빛[광: 光]을 나누는[분:分] 기계라는 뜻이지요. 그런데 마요르 교수의 분광기는 1초에 300미터 정도의 움직임 정도를 감지할 수 있었기 때문에, 외계

마요르 교수와 클로 교수가 발견한 행성 51 Pegasi b는 페가수스자리 51번별(51 Pegasi)을
4.23일 주기로 공전한다.
ⓒ스웨덴 왕립과학아카데미/Johan Jarnestad

행성을 찾기 위해서는 성능이 더 좋은 분광기가 필요했어요. 이때 박사
과정 학생이었던 클로 교수가 분광기 개발을 시작합니다.

　1994년, 이들은 1초에 13미터를 움직이는 미세한 변화를 감지할
수 있는, 당시 최고 성능을 가진 분광기를 개발했어요. 그리고 140개
가 넘는 별을 관측하기 시작하여, 이 가운데 페가수스자리 51번 별[51
Pegasi(페가시)]의 시선 속도가 주기적으로 변하는 것을 발견했지요. 여
러 달에 걸쳐 관측 결과를 다시 확인한 후, 1995년에 마침내 외계 행성
'51 Pegasi b'가 세상에 알려졌습니다. 외계 행성의 이름은 중심별 이
름 끝에 발견된 순서대로 알파벳 소문자를 b부터 차례로 붙여요. 그래
서 '51 Pegasi b'는 51 Pegasi라는 별에서 첫 번째로 발견된 행성이라

는 뜻입니다.

51 Pegasi b가 발견되기 전에 매우 빨리 회전하는 중성자별 근처에서 행성이 발견된 적이 있어요. 그런데 51 Pegasi b의 중심별인 페가수스 51번 별은 질량, 크기, 온도가 태양과 매우 비슷한 별이에요. 이런 별 주위에서 행성이 발견되었다는 것은 태양과 비슷한 또 다른 별에도 행성이 있을 수 있다는 뜻입니다. 그 행성들 중에는 우리가 그토록 찾고 싶어 하는 생명체가 사는 행성이 있을 수도 있고요. 51 Pegasi b의 발견이 중요한 이유는 바로 '태양'과 비슷한 별을 공전하는 행성을 발견했기 때문이랍니다.

외계 행성 탐사가 본격적으로 시작되다

51 Pegasi b는 질량이 목성의 절반 정도에 온도는 1,300K까지 올라가는 매우 뜨거운 목성형 행성입니다. 공전 주기는 4.23일로, 목성의 공전 주기가 12년인 것과 비교하면 무척 짧아요. 공전 주기가 짧다는 것은 중심별에 매우 가까이 있다는 얘기입니다. 보통 목성 정도로 큰 행성은 별에서 먼 곳에 있을 것으로 생각했는데 51 Pegasi b는 전혀 예상하지 못했던 곳에 있었어요. 그래서 외계 행성이 발견되었다는 사실뿐만 아니라 행성의 위치도 많은 사람들을 놀라게 했답니다.

1990년대 초까지만 해도 외계 행성 탐사는 그렇게 활발한 연구 분야가 아니었어요. 하지만 51 Pegasi b의 발견으로 떠오르는 분야가 되어 불과 몇 달 뒤에 태양 같은 별을 공전하는 새로운 행성이 백조자리, 처녀자리, 큰곰자리 등에서 속속 발견되었지요. 행성의 기원에 대한 연구도 활발해졌고요.

그리고 2009년에 과학자들은 마침내 케플러 우주 망원경을 띄워 우

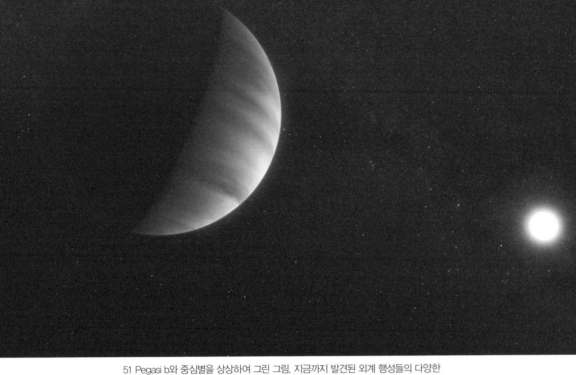

51 Pegasi b와 중심별을 상상하여 그린 그림. 지금까지 발견된 외계 행성들의 다양한 특성을 통하여 행성 기원에 대한 연구가 더 깊이 이루어질 것이다.
ⓒ유럽남구천문대(ESO)/M. Kornmesser/Nick Risinger

주에서 외계 행성을 탐색하기 시작했어요. 4년 동안 별 15만 개를 조사한 결과, 행성을 2,300개 넘게 찾아냈답니다. 이 가운데에는 물이 액체 상태로 존재할 수도 있는 지구만 한 행성도 있답니다. 물이 액체 상태로 존재한다는 것은 곧 생명체가 있을 수도 있다는 얘기예요. 과연 우리가 생각하는 생명체가 살고 있는 행성도 있을까요?

지금은 2018년에 발사한 TESS라는 우주 망원경이 새로운 행성 사냥꾼으로 활약하고 있답니다. 우주에서 관측하면 미세한 밝기 변화를 지상에서보다 더 잘 감지할 수 있기 때문에, 우주 망원경은 주로 행성이 별 앞을 지나가면서 별빛을 가리는 현상을 이용하는 방법으로 행성

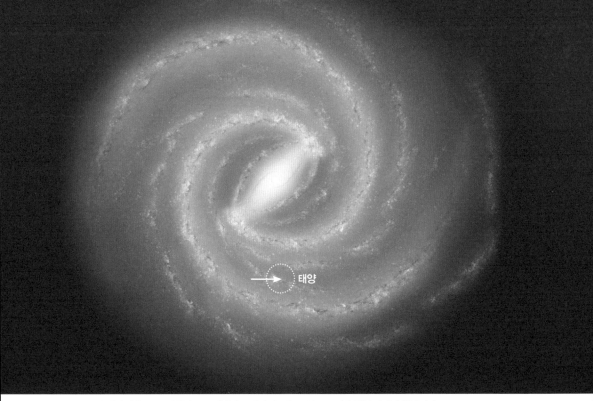

태양

51 Pegasi b의 발견 이후, 우주 망원경으로 태양계 주변의 별들을 중심으로 외계 행성 탐사가 활발하게
이루어지고 있다.
©미국항공우주국(NASA)

을 찾아냅니다. 그리고 여기에 분광기를 이용하면 행성의 대기 성분까
지 알아낼 수 있지요(56쪽 참고). 이렇게 되면 단순히 행성을 발견하는 것
을 넘어서 지구처럼 공기 중에 산소가 많은 행성인지, 금성처럼 이산화
탄소만 가득한 행성인지까지도 알 수 있어요.

지금까지 발견된 4,000개가 넘는 외계 행성의 특성을 살펴보면, 51
Pegasi b가 예상을 깨고 별에 훨씬 가까운 곳에서 공전하는 것처럼 궤
도나 크기 등이 상상 이상으로 다양해요. 앞으로는 이런 자료들을 바탕
으로 행성의 기원에 대한 연구가 더 활발해질 거예요.

우리나라에서도 외계 행성을 탐사하는 연구를 하고 있어요. 한국천

우리나라에서도 건설에 참여 중인 거대마젤란 망원경은 지름이 25미터가 넘는 초대형
망원경으로, 외계 행성 탐사를 중요한 연구 주제 중 하나로 삼고 있다.
ⓒ거대마젤란망원경기구(GMTO)

문연구원에서 남아프리카공화국, 칠레, 호주에 각각 설치한 망원경을
이용하여 외계 행성을 찾고 있거든요. 그리고 미국, 호주, 브라질의 여
러 기관과 함께 칠레에 건설될 예정인 거대마젤란 망원경(GMT) 프로젝
트에도 참여하고 있는데, 이 망원경의 중요한 연구 주제 중 하나가 바
로 외계 행성 탐사예요. 거대마젤란 망원경은 지름이 25미터가 넘는 초
대형 망원경입니다. 망원경이 크면 더 어두운 천체까지 관측할 수 있어
서, 시선 속도법과 식 현상을 이용하는 것 외에도 행성을 직접 관측하
는 등 다양한 방법으로 외계 행성을 찾을 수 있지요. 물론 행성의 특성
도 더 구체적으로 밝힐 수 있고요.

피블스 교수의 이론 연구와 이를 뒷받침하는 관측 자료를 통하여 우

리는 우주가 태어나서 지금까지 어떤 모습으로 변해 왔는지 알게 되었어요. 그리고 마요르 교수와 클로 교수의 외계 행성 발견으로 우주에서 태양과 지구가 평범한 별과 행성 중 하나라는 사실을 알게 되었고요. 이들의 연구로 우리가 우주의 본모습을 알게 되었지만, 아직도 우주에는 풀지 못한 수수께끼가 많아요. 암흑 물질과 암흑 에너지의 정체, 우리 같은 생명체가 또 어디에 있는지, 아니면 이 우주에 생명체는 정말 지구에만 있을 수 있는 건지, 그 비밀을 밝혀 보지 않을래요?

확인하기

2019 노벨 물리학상 수상자들의 연구 내용, 어땠나요? 조금 어렵게 느낀 친구들도 있겠지만, 우주가 어떻게 생겨났고 지금은 어떤 모습인지 조금은 알게 되었을 거예요. 그럼, 여기서 지금까지 읽은 내용을 다시 떠올리면서, 가볍게 문제를 풀어 볼까요? 아~주 가볍게요!

01 외부 은하가 우리은하로부터 멀어지는 것을 관측하여 우주가 팽창하고 있다는 사실을 발견한 사람은 다음 중 누구일까요?
① 에드윈 허블
② 디디에 클로
③ 제임스 피블스
④ 미셸 마요르

02 우주의 온도가 3,000K가 되었을 때, 빛이 처음으로 우주 공간에 퍼져 나가기 시작했습니다. 이 빛을 무엇이라고 할까요?
(   )

03 우주 배경 복사를 관측하기 위해 발사된 것이 **아닌** 것은 무엇일까요?
① 코비(COBE)
② 플랑크(Planck)
③ 더블유맵(WMAP)
④ 케플러 우주 망원경

04 피블스 교수의 계산에 따르면, 우주에서 우리가 볼 수 있는 물질은 우주의 몇%를 차지한다고 하나요?

① 5%

② 10%

③ 15%

④ 95%

05 은하의 회전 속도로부터 그 존재가 예측되었고, 현재 우주의 26%를 차지하는 것으로 알려진 것은 무엇일까요?

① 수소

② 암흑 물질

③ 암흑 에너지

④ 물

06 태양계를 벗어나 다른 별 주위를 공전하는 행성을 무엇이라고 할까요?

① 왜소 행성

② 지구형 행성

③ 목성형 행성

④ 외계 행성

07 마요르 교수와 클로 교수가 발견한 행성에 대한 설명으로 옳지 **않은** 것은 무엇일까요?

① 페가수스자리 51번별 주위를 공전한다.

② 목성형 행성이다.

③ 왜소 행성이다.

④ 시선 속도법을 통해 발견되었다.

08 행성이 별을 공전할 때, 별도 행성의 영향을 받아 움직입니다. 이때 별이 우리 쪽으로 다가오면 별의 스펙트럼이 파란색 쪽으로 움직입니다. 이것을 무엇이라고 할까요?
① 청색 이동
② 적색 이동
③ 백색 이동
④ 흑색 이동

09 달이 해를 가려 햇빛이 약해지거나 아예 깜깜해지는 일식 현상처럼 행성이 별 앞을 지날 때 별빛이 약해지는 것을 보고 행성을 발견하기도 해요. 주로 케플러 우주 망원경이 행성을 찾을 때 사용한 이 현상은 무엇일까요?
① 시선 속도
② 식 현상
③ 자전
④ 빅뱅

10 우리나라는 미국, 호주, 브라질의 여러 기관과 함께 칠레에 지름 25미터가 넘는 초대형 망원경을 만들고 있어요. 이 망원경의 이름은 무엇일까요?
① 케플러 우주 망원경
② 허블 우주 망원경
③ 거대마젤란 망원경(GMT)
④ TESS

와, 벌써 다 풀었나요?
정답은 아래쪽에 있어요!

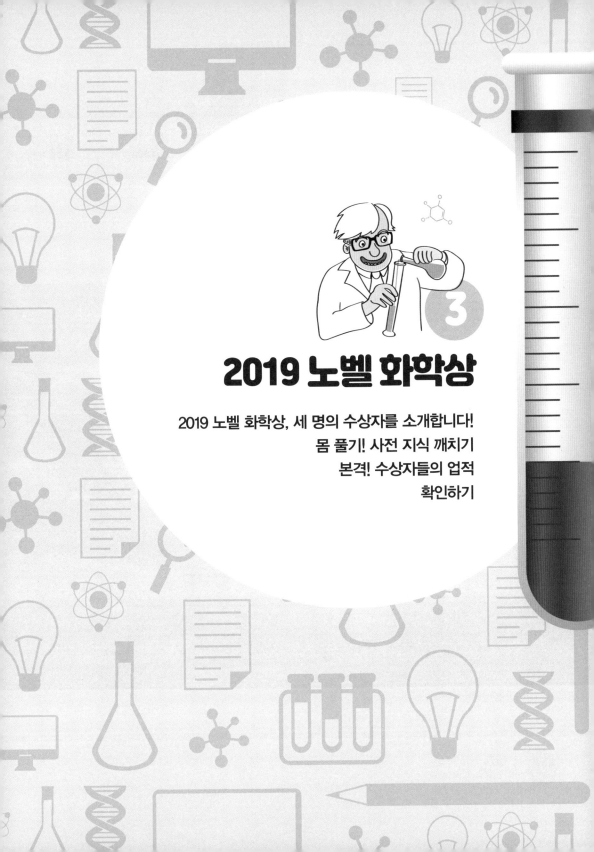

2019 노벨 화학상

2019 노벨 화학상, 세 명의 수상자를 소개합니다!
몸 풀기! 사전 지식 깨치기
본격! 수상자들의 업적
확인하기

©노벨미디어/Nanaka Adachi

2019 노벨 화학상,
세 명의 수상자를 소개합니다!
– 존 구디너프, 스탠리 휘팅엄, 요시노 아키라

스웨덴 왕립과학원 노벨상위원회에서는 2019년 10월 9일(현지 시간) 미국 텍사스대학교 존 구디너프 교수와 미국 뉴욕주립대 빙엄턴대학교 스탠리 휘팅엄 교수, 일본 아사히 카세이 명예 연구원 겸 메이조대학교 요시노 아키라 교수를 노벨 화학상 수상자로 선정했다고 발표했어요.

노벨상위원회에서는 이 세 명의 과학자들이 리튬 이온 배터리(전지)를 개발하여 휴대전화와 노트북컴퓨터, 전기차 같이 현재 우리 삶에 활용되는 기기에 혁명을 가져왔으며, 무선 기기 시장을 열고, 화석 연료가 없는 사회를 가능하게 함으로써 태양광과 풍력 같은 재생 에너지를 저장할 수 있는 길을 연 공로를 인정했답니다.

스탠리 휘팅엄 교수는 전기 에너지가 풍부한 리튬을 배터리로 활용하기 위해 양극으로 이황화타이타늄(TiS_2)을 이용한 전지를 개발했어요. 구디너프 교수는 산화물 계열의 물질을 활용하여 2볼트에 불과한 전압 출력을 4볼트로 높였어요. 그리고 요시노 아키라 교수가 앞선 과학자들의 연구를 토대로 1985년에 세계에서 처음으로 리튬 이온 배터리를 생활에서 누구나 사용할 수 있게 만들었죠. 기존 문제점인 리튬 금속을 음극으로 쓰지 않고, 탄소 물질을 음극으로 바꿔 리튬 이온 배터리를 안정화하며 상용화에 성공한 거랍니다.

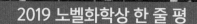

2019 노벨화학상 한 줄 평

"
리튬 이온 배터리 개발을 위해
"

존 구디너프 미국 텍사스대학교 교수
1922년 독일 예나에서 출생
1952년 미국 시카고대학교에서 박사 학위 받음
현재 미국 텍사스대학교 공대 교수로 재직 중

스탠리 휘팅엄 미국 빙엄턴대학교 교수
1941년 영국 노팅엄에서 출생
1968년 영국 옥스퍼드대학교에서 박사 학위를 받음
현재 미국 빙엄턴대학교 교수로 재직 중

요시노 아키라 일본 메이조대학교 교수
1948년 일본 스이타에서 출생
2005년 일본 오사카대학교에서 박사 학위를 받음
현재 일본 도쿄 아사히 카세이 명예 연구원과 일본 나고야
메이조대학교 교수로 재직 중

몸 풀기! 사전 지식 깨치기

만약 전기가 없다면 어떨까요? 전기는 공기처럼 너무나 당연해서, 전기가 없는 세상을 생각해 본 사람이 거의 없을 거예요. 전기가 없다면 스마트폰을 비롯해 TV, 냉장고, 카메라, 노트북, 자동차같이 전기를 이용하는 거의 대부분의 제품을 사용하지 못하게 된답니다. 인간 문명을 꽃피운 거의 대부분의 제품이 전기의 도움을 받고 있어요. 전화도 인터넷도 전기가 없다면 쓸 수 없게 된답니다.

휘발유를 이용하는 자동차는 관계없다고요? 그렇지 않아요. 자동차가 움직이려면 시동을 켜야 하는데, 자동차에는 납축전지(충전 배터리)가 있어요. 이 배터리 덕분에 시동을 켤 수 있답니다. 그리고 라디오와 전등같이 자동차에서 활용하는 다양한 장치를 이용할 때에도 전기를 사용하거든요. 가끔씩 자동차에 시동이 켜지지 않는 경우가 있는데, 이는 대부분 납축전지가 방전되면서 나타나는 현상이랍니다.

그러면 전기는 있고 배터리가 없다면 어떨까요? 여러분들이 1970년대로 이동한다고 생각하면 돼요. 1970년대에는 배터리가 없다고 해도 불편하다는 사실을 알지 못했어요. 없는 것이 당연했고, 배터리를 이용한 장치가 거의 없었기 때문이죠. 하지만 배터리가 일상생활이 된 요즘 기준에서 보면 보통 불편한 정도가 아니랍니다.

심지어 예능 프로그램인 '정글의 법칙'에서 나오는 오지에서의 생활조차도 배터리가 없으면 지금보다 훨씬 더 불편해져요. 정글의 법칙에서는 배터리를 이용한 손전등이나 헤드 랜턴 등을 이용하여 물속에서 사냥을 하고, 밤에도 먹을 것을 찾으러 다니거든요. 그런데 배터리가 없다면 해가 졌을 때 아무것도 할 수 없게 되겠죠. 문제는 낮에도 물고기가 활발하게 움직여 사냥하기도 쉽지 않은데, 손전등이 없으면 빛이 닿는 얕은 물에서만 사냥을 해야 한답니다.

만약 여러분이 배터리를 쓸 수 없게 된다면 어떤 점을 가장 불편해할까요? 사람마다 다르겠지만 아마도 여러분들이 가장 애용하는 스마트폰이나 휴대전화를 쓸 수 없게 되는 것이 아닐까 싶어요. 요즘은 게임을 하거나 놀 때에도 모두 스마트폰을 이용하니까요. 어른들도 배터리가 없으면 불편하기는 매한가지랍니다. 요즘 인기가 높은 무선 청소기를 비롯하여 무선 드라이기, 무선 다리미 등 배터리를 이용하는 제품이 무척 다양하거든요. 우리는 언제 어디서든 전기를 사용할 수 있도록 돕고 있는 배터리에 익숙한 세상에 살고 있기 때문이랍니다.

빅 데이터와 인공 지능(AI), 증강 현실(AR), 가상 현실(VR), 자율 주행, 드론, 3D 프린터, 사물 인터넷(IoT), 공유 경제 같은 4차 산업 혁명이 본격화되면서 세상이 크게 바뀔 거라고 보고 있어요. 사람의 일을 인공 지능과 로봇이 대신할 거라는 전망도 나와요.

하지만 이 같은 4차 산업 혁명도 배터리 기술이 없다면 무용지물이 될 수 있어요. 모든 장치에서 인터넷에 접속할 수 있는 사물 인터넷 기술을 활용하려면 무선으로 데이터를 주고받을 수 있어야 해요. 그런데 배터리가 없다면 무선 기술을 활용하는 데 어려움이 생긴답니다.

그런데 배터리 종류는 망간을 이용해 한 번만 사용할 수 있는 일반 배터리부터 AA나 AAA형 소형 충전지에 주로 쓰는 니켈 수소 배터리, 일반 자동차에서 충전과 방전을 계속하며 오래 사용하는 납축전지, 그리고 스마트폰이나 무선 청소기 등에 사용하는 리튬 이온 배터리까지 매우 다양해요. 이 중 최근 가장 인기가 높은 배터리는 단연 리튬 이온 배터리랍니다. 다른 배터리에 비해서 많은 전기를 저장할 수 있는 데다가, 수백 번 충전하면서 다시 사용할 수 있기 때문이죠. 2019 노벨 화학

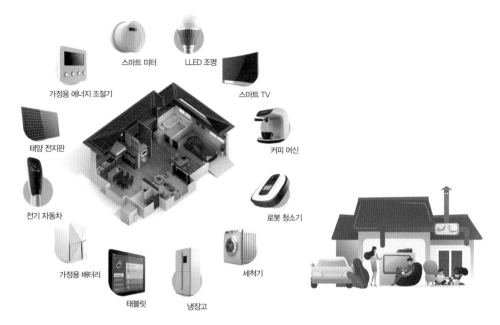

상 수상자들은 리튬 이온 배터리를 생활에서 편하게 쓸 수 있게끔 연구한 공로를 인정받았어요.

그런데 배터리는 언제부터 쓸 수 있게 되었을까요. 노벨 화학상 수상자들은 어떻게 리튬으로 전기를 저장해서 쓸 수 있게 연구한 걸까요? 지금부터 배터리의 세상으로 여러분을 초대할게요.

화학 에너지를 전기 에너지로 바꾸는 배터리

인류가 배터리를 발명한 지 얼마나 됐을까요? 알레산드로 볼타가 배터리 형태를 처음 제시한 시기는 1800년쯤이에요. 그로부터 약 220년이 지난 거죠. 200여 년 동안 과학자와 기술자들이 배터리 기술을 발전시키려고 부단한 노력을 기울여 왔어요.

하지만 리튬 이온 배터리가 등장하기까지 생각보다 부진하고 많은 어려움을 겪어 왔답니다. 이를 보여 주는 대표적인 사례가 19세기 중반

건전지와 충전지 비교

모든 무선 장치가 리튬 이온 배터리를 사용하는 것은 아니에요. AA나 AAA형 소형 충전지는 주로 니켈 수소 배터리를 사용해요. 하지만 고용량으로 전기를 저장할 수 있는 리튬 이온 배터리 덕분에 무선으로 사용할 수 있는 장치가 지금처럼 매우 다양해질 수 있었답니다. 리튬 이온 배터리가 언제 어디서든 무선으로 전기를 사용할 수 있도록 하는 데 매우 큰 역할을 한 셈이죠.

종류	일반배터리		충전배터리		
	일반 건전지 (망간 전지)	알카라인 전지	니켈 카드뮴 (Ni–Cd)	니켈 수소 (Ni–MH)	리튬 이온
전압	1.5V	1.5V	1.2V	1.2V	3.6V, 3.7V
용량 (일반 건전지 대비)	–	3배	6배	11배	22배
외형					
충전 유무	충전불가		충전가능		

에 발견한 납충전 배터리(축전지)를 지금도 널리 사용하고 있다는 사실이에요. 리튬 이온 배터리가 우리에게 얼마나 큰 변화를 가져왔는지 간접적으로 짐작할 수 있을 거예요.

그런데 배터리는 어떻게 전기를 쓸 수 있게 해 주는 걸까요? 배터리는 화학 에너지를 전기 에너지로 바꿔 주는 장치예요. 배터리 내부에 설치된 물질이 화학적으로 반응을 일으키며 에너지를 만드는데, 이때 나오는 에너지를 전기 에너지로 사용하는 셈이지요.

배터리는 음극과 양극, 분리막, 전해질 액의 네 가지로 구성되어 있어요. 음극에서는 전자를 내보내는 산화 반응이 일어나요. 전자를 내놓기 때문에 연료 전극이라고 하는데, 자유 전자가 풍부한 아연이나 납, 카드뮴, 리튬 같은 금속을 주로 사용한답니다. 양극은 회로로 음극과 연결되어 전자를 전달받아요. 전해질액에서 이온을 받으면 환원 반응이 일어나요. 이온을 받아들일 수 있는 공간을 충분하게 확보한 산화물이나 황화물 같은 세라믹을 주로 양극 소재로 사용한답니다.

그런데 양극과 음극이 회로를 통해서가 아니라 직접 접촉하면 격렬한 화학 반응이 일어나요. 그러면 열이 생기면서 불이 날 수 있어요. 그래서 이런 반응이 일어나지 않도록 둘을 분리하는 '분리막'을 두어 직접 접촉을 막는답니다. 그리고 전해질액은 수소 이온이나 리튬 이온을 극으로 전달하는 통로 역할을 해요.

회로를 연결하면 음극과 양극에서 산화 환원 반응이 일어나면서 연결된 경로(회로)를 따라 전기가 발생하면서 전류가 흘러요. 전극에서는 금속과 전해질 이온이 결합하면서 전자를 내보냅니다. 충전할 때에는 반대로 금속과 결합한 전해질 이온이 분리돼요.

습전지에서 건전지로 변신

이와 같은 배터리의 원리를 처음 발견하고 제시한 볼타는 처음에는 소금물에 적신 종이를 구리와 아연 사이사이에 끼우고, 이것을 여러 층을 쌓은 뒤 금속으로 된 선을 연결하여 전류를 얻었어요. 그리고 이 원

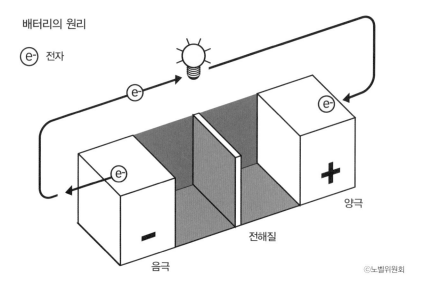

배터리의 원리

ⓔ 전자

양극

음극

전해질

ⓒ노벨위원회

리를 이용하여 묽은 황산에 구리와 아연을 담근 볼타 전지를 만들었죠.

그런데 이 볼타 전지는 액체 용액에 구리와 아연판을 넣어 사용했기 때문에 움직일 수가 없었어요. 또 조금만 사용하면 양극에서 발생한 수소 기체가 전류 흐름을 방해하여 기전력이 급격하게 떨어지는 분극 현상이 발생했죠. 기전력은 전기를 흐르게 만드는 힘으로, 마치 물이 높은 곳에서 낮은 곳으로 흐를 때 높이 차가 크면 잘 흐르고 작으면 잘 흐르지 않는 것처럼, 기전력이 크면 전기가 잘 흐르고 작으면 잘 흐르지 않아요. 분극 현상은 볼타 전지에서 구리판 전극을 수소 이온이 전체를 뒤덮어 전자의 이동을 멈추게 만드는 현상이에요. 전류 흐름을 막는 또 다른 극이 생겨났다는 의미에서 이렇게 표현한답니다.

이처럼 볼타 전지는 사람들이 쓰기에 많이 불편했어요. 그래서 과학자들은 이런 불편을 없애는 방법에 대하여 고민했죠. 1836년 영국의 존 프레더릭 다니엘은 양극과 음극을 각각 다른 수용액에 담가 수소 발생을 막았어요. 이것이 유명한 다니엘 전지랍니다. 다니엘 전지는 용기를 두 개 사용하여 한쪽에는 구리판과 황산구리 용액을, 다른 한쪽에는 아연판과 황산 아연 용액을 사용해요. 두 액체가 서로 섞이지 않으면서도 이온이 상대편 용액으로 넘나들 수 있게 만든 거죠. 아연에서 구리판으로 흘러 들어온 전자는 황산 구리 용액 속에 있는 구리 이온과 결합하여 금속 구리가 되기 때문에 수소 기체를 만들지 않아 분극이 일어나지 않아요. 그런데 다니엘 전지에도 단점이 있었어요. 여전히 액체여서 이동이 어렵다는 것과 아연이 쉽게 이온화해서 전해액을 자주 바꿔줘야 했어요.

이에 1866년 프랑스 과학자 조르주 르클랑셰는 황산 아연 수용액 대신에 염화 암모늄 용액으로 바꾸고, 아연이 많이 녹을 수 있도록 이 용액에 고운 모래와 톱밥을 섞어 반죽 형태로 만들었어요. 그리고 분극 현상을 일으키는 수소 발생을 막기 위해 여기에 이산화 망간을 넣고, 가운데에는 산화에 강한 탄소 막대를 넣었답니다. 이 르클랑셰 전지는 현대 건전지의 기초를 마련한 거예요. 그리고 1887년 독일의 과학자 카를 가스너가 이 르클랑셰 전지의 전해액인 산화 아연과 염화 암모늄 수용액을 석고로 굳혀서 전해액이 흐르지 않는, 지금 우리가 널리 쓰고 있는 건전지에 가까운 진정한 최초의 건전지를 탄생시켰답니다.

볼타 전지 같은 초기 전지는 전해질 용액을 그대로 사용한 젖은 전지, 즉 습전지(wet cell)였어요. 하지만 르클랑셰 전지는 이 전해질을 굳혀서 만들어 마른 전지가 됐어요. 그래서 건전지(dry cell)라고 부르게 된 것이랍니다. 지금 우리가 널리 쓰고 있는 '건전지'라는 용어가 이때부터 시작된 거예요.

배터리를 발명한 과학자들

1791년 루이지 갈바니(Luigi Galvani)

1780년쯤에 이탈리아 볼로냐 대학에서 해부학자이자 생리학자로 활동하던 루이지 갈바니 교수가 개구리를 해부하다가 놀랄 만한 현상을 발견했어요. 철 구조물에 매달아 둔 해부한 개구리 다리에 우연하게 황동 철사를 대었더니 살아 있는 것처럼 개구리 다리가 움직이는 것을 발견한 것이죠. 그는 이것이 동물의 몸에서 생체 전기가 나오기 때문이라고 믿었어요. 그리고 그는 1791년에 동물의 몸에서 나오는 전기가 근육을 움직인다며, 이를 '동물 전기'라고 이름 짓고 발표했답니다.

1800년 알레산드로 볼타(Alessandro Volta)

이탈리아의 물리학자인 볼타는 처음에는 갈바니가 주장한 동물 전기를 받아들였어요. 하지만 얼마 지나지 않아, 의문을 품기 시작했어요. 그리고 마침내 전기기기를 이용한 실험을 통하여 갈바니가 주장한 동물 전기라는 것은 없고, 전기는 서로 다른 금속이 만나면서 발생하는 것임을 증명했답니다. 1800년에 아연과 구리 원판에 식염수를 머금은 두꺼운 종이를 끼운 작은 샌드위치 모양의 물건을 겹친 원통을 사람들에게 알려 줬죠. 서로 다른 금속을 접촉하는 것만으로 전기가 발생한다는 것을 발견한 거예요. 이것이 바로 배터리의 탄생이랍니다.

가스통 플란테(Gaston Planté)

프랑스의 물리학자인 가스통 플란테가 1859년 최초로 실험적인 충전 배터리(축전지)이자 현재도 자동차에서 시동을 걸기 위해 사용되는 납충전 배터리의 원형을 발명했답니다. 이전까지 개발된 배터리는 한 번 쓰면 더이상 쓸 수 없는 일차 배터리였어요. 플란테가 개발한 납과 산을 이용한 배터리는 화학 반응을 하며 전기를 발생시킨 뒤에 다시 이를 거꾸로 돌려 전기를 다시 저장할 수 있는 이차 배터리였죠.

1909년 토머스 에디슨(Thomas Alva Edison)

세계 최고의 발명가로 알려진 토머스 에디슨은 1800년대에 가솔린 자동차를 전기 자동차로 바꾸고 싶다는 생각으로 배터리 연구를 시작했어요. 그리고 1900년 납충전 배터리보다 두 배 이상 성능이 뛰어난 니켈 철 충전 배터리를 발명했어요. 1909년에는 이를 개량하여 고장 없는 A형 충전 배터리를 발표했어요. 하지만 가솔린 자동차에 밀려 전기 자동차의 꿈도 사라지고, 충전 배터리도 보조 역할을 하는 수준으로 전락했답니다.

가장 오래된 배터리

세계에서 가장 오래된 배터리는 무려 2000년 전에 만든 것으로 추정된 항아리 전지예요. 1932년 독일의 빌헬름 쾨니히(Wilhelm König)가 이라크의 수도인 바그다드 부근의 티그리스 강변에 있는 유적에서 발견했어요. 바그다드 전지라고도 부르는 이 항아리 전지는 사산 왕조 페르시아 시대에서 파르티아 제국 시대에 만들어진 것으로 추정하고 있어요.

높이가 14cm, 지름이 8cm로 작은 점토 항아리 안에 원통형 구리판을 넣고, 한가운데에 철 막대를 꼬아

바그다드 전지 ©atlasobscura.com

전체를 역청(아스팔트)으로 고정한 다음 밀봉한 상태였답니다. 발굴 팀에서 전해액 대신에 식초를 넣었더니 1.1V 정도의 전압을 얻을 수 있었다고 해요. 과학자들은 이 항아리 전지가 금이나 은 같은 금속을 도금하는 데 사용했을 것으로 추정하고 있어요. 미국의 다큐멘터리 채널인 디스커버리 채널에서는 바그다드 전지의 쓰임에 대한 에피소드를 방송하기도 했답니다.

건전지보다 먼저 개발된 충전 배터리, 납축전지

볼타 전지 같은 습전지나 건전지는 모두 한 번 쓰면 더 이상 쓸 수 없는 배터리예요. 이렇게 한 번 화학 반응이 일어나 반응이 끝나면 더 이상 쓸 수 없는 전지를 일차 전지라고 해요. 그런데 전기를 다 사용한 배터리에 화학 반응을 반대로 일어나게 만들어 전기를 충전할 수 있는 배터리가 곧 개발됐어요. 화학 반응을 역으로 일으켜 다시 쓸 수 있는 전지를 이차 전지라고 해요. 이차라는 용어는 1801년에 전기 화학 실험에 사용한 분리된 전선에서 짧은 이차 전류를 관찰한 과학자 니콜라스 고테롯의 초기 연구에서 유래했답니다. 이 이차 전지는 건전지보다 더 일찍 발명됐어요.

현재도 자동차에서 시동을 켜고, 전기를 쓸 수 있게 해 주는 납축전지가 그 주인공이죠. 1854년 독일 과학자 빌헬름 진스테덴은 황산에 두 장의 납판을 담그고, 여기에 전류를 흘려보내는 실험을 했어요. 프랑스 물리학자 가스통 플랑테는 이 실험을 더 발전시켜, 1859년에 얇은 막 형태로 만든 납 두 장을 김밥 모양으로 둘둘 말아 전해액에 담갔어요. 그리고 여기에 전기를 흘려보냈더니 2차 기전력이 발생하는 것을 발견했죠. 납축전지를 발명한 거예요. 당시에 이 납축전지는 열차가 역에 정차하고 있을 때 사람이 있는 열차 내부에 불을 밝히는 데 사용됐어요.

그런데 이때 개발된 납축전지는 충전하는 데 시간이 너무 오래 걸렸어요. 그래서 과학자들은 이 시간을 줄이기 위한 다양한 연구를 진행했답니다. 1881년 프랑스의 카밀 알퐁세 포아르는 납 산화물 분말을 황산에 개어 반죽 형태인 황산 아연을 만들고, 이것을 납으로 된 격자에 바르는 획기적인 방법을 개발했어요. 더 좋은 성능을 내고 싶으면 이 격자판을 늘리기만 하면 되었으므로 무척 유용한 구조였죠.

납축전지는 강한 전류를 얻을 수 있다는 장점이 있는 반면 그만큼 무겁고 부피가 크다는 단점이 있어요. 하지만 내부 저항이 매우 낮고, 전지 하나로 여러 회로를 연결해 사용할 수 있으며, 싸다는 점이 매우 매력적이에요. 지금도 자동차에 쓰고 있는 이 납축전지의 기본 원리는 변한 것이 없어요. 다만 1970년대에는 액체 대신에 젤 형태로 전해질을 바꾼 다양한 젤전지(gel cell)가 개발되었어요.

그리고 1899년 발데마르 융너가 최초로 알칼리성 배터리인 니켈 카드뮴(Ni-Cd) 배터리를 제시하면서 배터리 개발에서 새로운 이정표를 세웠어요. 그리고 얼마 지나지 않은 1900년에는 발명왕으로 유명한 토머스 에디슨이 에디슨 축전지로 유명한 니켈 철(Ni-Fe) 배터리를 개발했어요. 이 배터리는 납축전지에 비해 가볍고, 매우 안정적이며, 큰 전력을 얻을 수 있어 철도 수송용이나 트럭 등에 사용되었어요. 이 두 알칼리성 배터리는 1989년에 상용화한 니켈 메탈(Ni-MH) 배터리의 선구자이기도 해요.

가볍고 반응성 높은 리튬을 배터리에

20세기 중반까지 개발된 배터리가 에너지 밀도와 용량 한계에 부딪치자 과학자들은 더 나은 방안을 찾기 시작했어요. 그리고 가장 가벼운 금속인 리튬 활용에 나섰죠. 리튬을 배터리로 사용하려는 연구는 길버트 루이스가 1913년에 일찍 시작했어요. 하지만 본격적으로 진행된 시기는 1960년대와 1970년대로, 이때 과학자들은 비로소 리튬을 배터리에 사용하려고 적극적으로 뛰어들었답니다.

리튬은 요한 아우구스트 아르프베드손이 발견하여 1817년 그와 옌스 야코브 베르셀리우스가 이름을 붙인 금속이에요. 배터리에 사용하면 매우 뛰어난 성질을 보일 것이라고 생각되었죠. 그 이유 중 하나는 원자 번호 3으로 밀도가 $0.53g/cm^3$에 불과할 정도로 가장 가벼운 금속이라는 점이에요. 다른 하나는 표준 수소 전위와 비교했을 때 리튬은 표준 환원 전위가 −3.05V로 매우 낮아 고밀도 고전압 배터리에 적합하다는 사실이에요. 또 리튬 이온은 니켈 카드뮴과 비슷하게 작용하여 쉽게 방전되지 않는다는 특성도 갖고 있어요.

하지만 리튬은 물과 공기와 만나면 바로 반응하여 불이 나거나 폭발할 정도로 반응성이 매우 큰 금속이에요. 그만큼 불안정하므로 배터리에 사용하려면 물과 공기로부터 리튬을 확실하게 보호해 줘야 해요. 또 수분이 없는 전해질 용액을 써야 하고요. 불활성, 녹는점, 산화 환원 반응 안정성, 리튬 이온과 염의 녹는 정도, 이온과 전자 전달 속도, 점성처럼 까다롭고 다양한 요인을 모두 고려해야 해요. 리튬을 배터리로 쓰려는 연구가 1910년대에 시작했지만 본격적으로 연구에 뛰어든 시기는 1960년대로, 50년이 걸린 이유도 이 때문이죠.

리튬 이온을 전해질 용액으로

먼저 1958년 윌리엄 S. 해리스가 프로필렌 탄산염을 리튬 할로겐 화합과 결합하여 사용할 수 있다는 것을 보여 주며, 적합한 전해질 용액을 찾아냈어요. 이 탄산염은 지금도 유용하게 쓰이고 있어요.

그리고 1972년 이탈리아 베네치라테에서 열린 회의에서 배터리 과학자들이 모여, 리튬 활용에 대한 다양한 의견과 획기적인 아이디어를 제시했어요. 이 중 하나가 이차 전지에서 리튬 이온을 전해질 성분으로 사용하는 방안이에요.

이때 과학자들은 이차 전지에서 리튬 금속을 산화전극(양극)에 써야 한다고 생각하고, 이와 어울리는 음극용 물질을 찾는 데에만 주력했어요. 이론에 따르면, 이 물질은 지속적으로 에너지 변화가 일어나야 하고, 전자 전도도가 좋으며, 전해질 용액에 녹지 않으며 삽입될 수 있다 같은 여러 가지 조건을 갖춰야 했어요.

1965년 월터 뤼도르프는 이런 조건을 갖추며 리튬 이온의 주인 노릇을 할 수 있는 물질로 이황화타이타늄(TiS_2)을 찾았어요. 그리고 과학자 스탠리 휘팅엄과 프레드 갬블이 리튬을 이황화타이타늄(TiS_2)에 화학적으로 삽입할 수 있음을 보여 줬죠. 이 연구들은 휘팅엄이 1973년부터 배터리 전극 물질로 제안하고, 1976년에 리튬을 이용한 배터리를

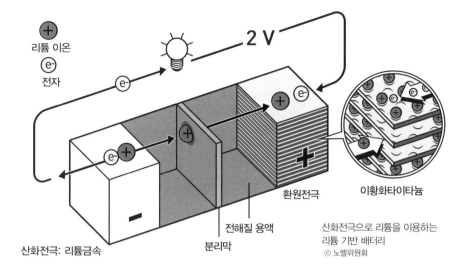

리튬 이온

전자

2 V

환원전극

이황화타이타늄

전해질 용액

분리막

산화전극: 리튬금속

산화전극으로 리튬을 이용하는
리튬 기반 배터리
ⓒ 노벨위원회

선보이게 만들었답니다.

산화전극은 리튬 금속, 환원전극은 이황화타이타늄, 전해질 용액은 프로필렌 탄산염에 리튬염($LiPF_6$)을 섞은 것으로 구성했어요. 이렇게 만든 배터리가 2.5V 기전력을 기록했어요. 이후 전해질 용액 등 일부에 변화를 주며 개선을 하여, 1100회 동안 충전과 방전이 진행되는 것을 실험으로 확인했답니다. 이를 토대로 엑손에서 최대 45W의 대형 배터리를 개발했어요. 나중에 전해질 용액은 과염소산염리튬($LiClO_4$)이 불안정한 것으로 판명되어 테트라메틸 보스테이트로 대체되었고요.

하지만 충전과 방전을 지속함에 따라 금속 표면에 리튬 돌기가 생겨났어요. 이 돌기는 분리막을 뚫고 갈 정도로 커질 수 있고, 합선으로 화재를 일으킬 위험성을 안고 있었죠. 이 문제를 해결할 방법을 찾지 못한 엑손은 결국 리튬 배터리 상용화를 중단했답니다.

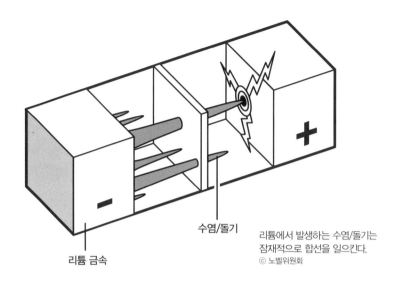

수염/돌기

리튬 금속

리튬에서 발생하는 수염/돌기는
잠재적으로 합선을 일으킨다.
© 노벨위원회

리튬 금속 대신 리튬 이온으로

이에 과학자들은 '이온 전달 전지'로 방향을 바꿨어요. 양쪽 전극이
이온을 수용할 수 있도록 하는 방식이죠. 이 전지 원리는 1938년 루도
프에 의해 증명됐어요. 이에 따라 과학자들은 리튬 금속을 피하고, 두
전극에서 리튬 이온을 수용할 수 있는 물질을 찾아 나섰답니다.

곧 흑연 같은 탄소 물질이 매력적인 후보로 떠올랐어요. 우선 흑연
은 리튬 금속보다 훨씬 안전해요. 그리고 탄소 원자 여섯 개당 최대 한
개의 리튬 이온을 수용할 수 있어 용량도 괜찮은 편이죠. 그런데 흑연
은 리튬 이온 삽입이 쉽지 않은 것으로 나타났어요.

이러던 중 1979년과 1980년에 새로운 돌파구가 열렸어요. 영국 옥
스퍼드대학교의 과학자 존 구디너프와 동료 연구자들은 환원전극 물질
로 리튬 코발트 산화물(Li_xCoO_2)이 알맞다는 것을 발견한 거예요. 이 물
질은 코발트 산화물(CoO_2) 층 사이에 리튬 이온이 결합될 수 있어, 이황

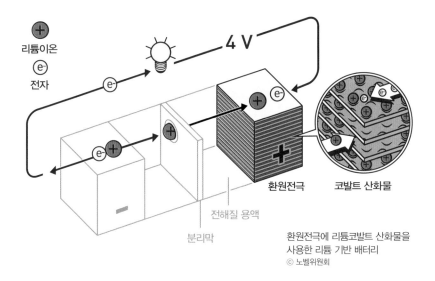

리튬이온

전자

4 V

환원전극

코발트 산화물

전해질 용액

분리막

환원전극에 리튬코발트 산화물을
사용한 리튬 기반 배터리
ⓒ 노벨위원회

화타이타늄리튬($LixTiS2$)과 비슷해요.

구디너프는 산소가 리튬 이온을 충분히 이동할 수 있게 한다는 점에서 매우 효과적인 물질이 될 거라고 생각했어요. 그리고 이 생각은 사실로 드러났어요. 코발트 산화물(CoO_2)은 리튬 이온에 비해 4~5V나 더 높은 전위를 보였거든요. 이때 전해질 용액으로는 프로필렌 탄산염에 리튬염($LiBF_4$)을 섞어 사용했어요.

리튬 이온 배터리 상용화

이 발견으로 리튬 금속보다 전위가 더 높은 산화전극 재료를 사용할 수 있게 되었고, 과학자들은 더 좋은 탄소 물질 탐색에 나섰어요. 1985년 일본 아사히카세이의 과학자 요시노 아키라 연구 팀에서는 석유코크스가 괜찮다는 사실을 확인했답니다. 요시노는 처음에는 전도성 고분자인 폴리아세틸렌을 산화전극 물질로 사용했어요. 그러다가 탄소

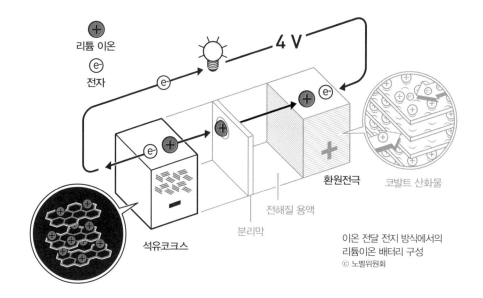

4 V

리튬 이온

전자

환원전극

코발트 산화물

전해질 용액

분리막

석유코크스

이온 전달 전지 방식에서의
리튬이온 배터리 구성
ⓒ 노벨위원회

섬유(VGCF)로 갔다가 최종적으로 석유 코크스에 집중했죠.

　이 물질은 흑연 결정과 비결정이 혼합되어 있어 연구자들은 안정적
이면서도 성능이 뛰어난 결정을 얻을 수 있답니다. 게다가 이 물질은
리튬 이온에 비해 충분히 낮은 전위를 보였고, 동시에 많은 리튬 이온
을 수용했어요. 요시노는 이같이 효과적인 산화전극 물질을 사용하여
효율적인 리튬이온 배터리를 개발할 수 있었답니다. 환원전극에는 구
디너프의 리튬코발트 산화물($LixCoO_2$)을, 분리막에는 폴리에틸렌이나
폴리프로필렌을, 전해질 용액은 프로필렌 탄산염에 리튬염($LiClO_4$)을 섞
은 화합물을 썼어요. 요시노는 이렇게 만든 배터리가 안전한지 시험하
려고 원격으로 배터리에 무거운 것을 떨어뜨릴 수 있는 장치도 개발했
어요. 이 장치로 실험한 결과 요시노가 개발한 배터리는 파손되었지만
화재나 폭발을 일으키지 않았어요. 반면에 산화전극에 리튬 금속을 쓴
배터리는 폭발했답니다.

이 같은 발견과 발전은 결국 1991년 리튬 이온 배터리 상용화로 이어졌어요. 최종적으로 제품으로 나온 리튬 이온 배터리는 산화전극에는 석유코크스에서 얻은 물질을, 환원전극에는 리튬코발트산화물($LixCoO_2$)을, 전해질 용액에는 프로필렌 탄산염에 리튬염($LiPF_6$)을 섞어 만들었답니다.

이렇게 만든 배터리의 충전 전압은 기존보다 고전압(최대 4.1V)이었고, 에너지 밀도도 고밀도(80W/kg 또는 200W/L)였어요. 리튬 이온 배터리는 당시 시중에 판매되던 다른 배터리보다 가볍고 용량이 커서 빠르게 성장하면서, 21세기에 등장한 모바일 혁명의 발판을 마련했죠.

비슷한 시기에 흑연도 전해질을 바꾸면 효과적으로 쓸 수 있다고 밝혀졌어요. 높은 녹는점 때문에 일반적으로 무시되던 에틸렌 탄산염이 들어간 용액을 사용하면 흑연 전극 표면의 탄소를 보호할 수 있거든요. 곧 이 연구를 활용해 흑연을 환원전극으로 하는 차세대 리튬 이온 배터리가 개발되었어요. 이 배터리도 충전 전압이 고전압(4.2V), 에너지 밀도도 고밀도(400W/L)를 나타냈어요.

현재도 리튬 이온 배터리는 계속 발전하고 있어요. 과학자들이 전압과 밀도를 조금이라도 더 올릴 수 있는 물질을 끊임없이 연구하며 찾아내고 있거든요. 구디너프 그룹에서는 새로운 산화전극 재료를 선보이고 있어요. 또 다른 전극 물질과 새로운 전해질 용액도 발견되고 있어요. 조금이라도 더 나은 배터리를 쓸 수 있도록 하려는 과학자들과 기술자들의 노력은 오늘도 계속되고 있답니다.

본격! 무선과 화석 연료 없는 사회를 열다

생활 패턴을 바꾼 리튬 이온 배터리

2019 노벨 화학상 수상자들은 리튬을 이용하여 기존의 충전 배터리가 가지고 있던 한계를 뛰어넘는 리튬 이온 배터리를 개발했어요. 이들의 연구와 발명은 배터리에 단순한 변화를 준 것을 넘어, 사람들의 생활과 산업에도 크게 영향을 미쳤어요. 무선으로 이용할 수 있는 스마트폰 세상을 만들어 사람들의 생활 패턴을 송두리째 바꿔 놓았죠. 게다가 노트북과 무선 청소기 같이 언제 어디서든 사용할 수 있는 다양한 무선 기기 등장을 이끌어, 사람들의 생활을 매우 편리하게 만들었어요. 노벨 위원회에서는 수상자들의 연구에 대해 다음과 같이 설명했답니다.

"2019 노벨 화학상 수상자들은 리튬 이온 전지 성능을 고도화하는 데 많은 노력을 기울였다. 이들의 연구 덕분에 현재 인류는 가볍고, 다시 충전할 수 있는 리튬 이온 배터리를 스마트폰에서 노트북 컴퓨터, 전기자동차에 이르기까지 널리 사용하고 있다. 특히 태양광과 풍력 발전으로 얻은 에너지를 저장할 수 있어, 무선과 화석 연료가 없는 사회를 이끌고 있다."

빅뱅 1분 동안 만들어진 고대 원소 리튬

1817년 스웨덴의 화학자 요한 아우구스트 아르프베드손과 옌스 야코브 베르셀리우스가 스톡홀름 군도에 있는 우토 광산에서 채취한 광물 샘플에서 리튬을 정제하면서 인류는 처음으로 리튬을 알게 되었어

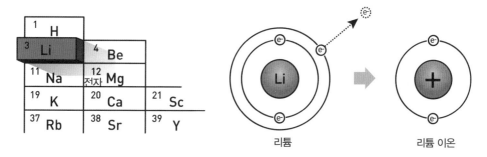

리튬은 금속으로 외부 전자 껍데기에 전자 하나를 갖고 있다. 이 전자를 다른 원자에게 주면서 강하게 반응한다. 전자를 하나 잃은 리튬 이온은 비로소 안정된 상태가 된다.
ⓒ 노벨위원회

요. 베르셀리우스는 이 새로운 원소에 돌이라는 뜻을 지닌 그리스어 '리토스'를 따서 '리튬'이라고 이름 지었어요. 하지만 이름과 달리 가장 가벼운 금속이어서, 손에 끼고 사는 스마트폰에서도 잘 드러나지 않아요.

순수 리튬은 공기 중에 그냥 놔두면 화재 경보기를 발동시킬 정도로 반응성이 매우 커요.

이렇게 불안정한 원소인 리튬은 그 반응성이 곧 장점이기도 해요. 그래서 수분이 없는 석유에 저장을 하기도 해요.

20세기 중반이 되자 세계는 경제 발전을 위해 수많은 공장을 돌리며, 산업 활동을 가속화시켰어요. 그만큼 많은 사람들이 활동하면서 자동차 수도 크게 늘었죠. 그런데 환경의 변화는 도시의 대기 오염을 가속화시켰어요. 공장에서 나오는 매연, 자동차에서 나오는 배기가스가 스모그를 일으키며 지구 환경을 악화시켰답니다.

게다가 세계 경제를 지탱하는 대표 화석 연료인 석유가 곧 고갈될 수 있다는 우려도 커졌어요. 그러자 자동차 회사와 석유 회사에서는 고민하기 시작했어요. 계속 사업을 하려면 어떻게 해야 하는가 하고요. 그리고 이들은 전기 자동차와 대체 에너지를 통해서 이 문제를 해결할 수 있다고 판단했어요. 그런데 전기 자동차와 대체 에너지는 많은 양의 에너지를 저장할 수 있는 배터리가 필요해요. 이에 많은 석유 회사에서 신기술 개발에 앞장섰어요. 대표적인 회사가 엑손이에요.

리튬 배터리 연구를 도운 스모그

엑손은 에너지 분야에서 가장 뛰어난 연구원 중 몇 명을 영입하여 그들이 원하는 대로 할 수 있는 자유를 주었어요. 미국 스탠포드대학교 출신인 스탠리 휘팅엄도 이 중 한 명이었죠. 엑손의 도움을 받아 스탠리 휘팅엄과 동료들은 초전도 물질에 대한 조사를 시작했어요. 그들은 탄탈럼을 분해할 때 이온을 넣어 보면서, 전도성이 어떻게 영향을 받는지 연구했답니다.

이때 우연하게 휘팅엄은 칼륨 이온이 탄탈럼 분해물 전도도에 영향을 주며, 이때 탄탈럼이 분해물이 매우 높은 에너지 밀도를 갖는다는 사실을 발견했어요. 휘팅엄이 이 물질의 전압을 측정했더니 2V가 나왔어요. 당시에 나온 어떤 배터리보다 더 좋은 성능이었답니다.

스탠리 휘팅엄은 이 물질을 미래에 나올 전기 자동차에 에너지를 저장할 수 있는 신물질로 개발하면 좋을 것이라고 생각했어요. 하지만 탄탈럼은 무거운 물질이었기 때문에, 그는 탄탈럼과 비슷한 성질을 가지면서도 훨씬 가벼운 원소인 타이타늄으로 바꿨어요.

배터리가 잘 작동하려면 산화전극에서 전자가 환원전극으로 잘 흘러야 해요. 스탠리 휘팅엄은 모든 원소 중에서 전자를 가장 잘 내보내는 물질인 리튬이 여기에 적합하다고 판단했어요. 그리고 리튬 금속을 산화전극으로 이용하는 리튬 배터리를 개발했죠.

리튬 배터리에 엄청난 잠재력이 있다고 생각한 스탠리 휘팅엄은 이

프로젝트를 제대로 소개하기 위하여 뉴욕에 있는 엑손 본사를 찾아갔어요. 회의 후 경영진에서는 바로 결정을 내렸어요. 휘팅엄의 발견을 사람들이 활용할 수 있게끔 리튬 배터리 상용화에 나선 거예요.

그런데 리튬 배터리의 상용화는 쉽지 않았어요. 리튬 배터리를 여러 번 충전하며 사용하면 산화전극에 있는 리튬에 작은 리튬 돌기가 생겼어요. 이 돌기는 합선을 일으켜 리튬을 폭발시키게 만들었어요. 결국 배터리를 안전하게 하기 위해 리튬 금속 전극에 알루미늄을 첨가하고, 전해질 용액을 바꿨어요.

그리고 1976년 스탠리 휘팅엄은 자신의 연구를 대외적으로 발표했어요. 이 리튬 배터리는 태양열로 움직이는 시계에 사용하려는 스위스 시계 제조업자를 위하여 소량으로 생산되기 시작했어요. 그러나 1980년대 초 석유 가격이 급락하면서 엑손의 매출이 줄어 휘팅엄의 연구가 중단되었답니다. 또 그의 배터리 기술을 세 개 회사에서도 이용할 수 있게 허용됐어요.

코발트 산화물에서 고전압 발휘한 리튬 이온

이렇게 엑손이 포기한 리튬 배터리 연구를 존 구디너프가 이어받았어요. 어렸을 때 존 구디너프는 읽는 데 문제가 있었어요. 그래서 그는 수학을 좋아했고, 제2차 세계 대전 뒤에 물리학에 뛰어들었죠. 미국 매사추세츠 공과대학교(MIT)의 링컨 연구소에서 여러 해 근무한 구디너프는 컴퓨터에서 사용하는 RAM(랜덤액세스 메모리) 개발에도 기여했어요.

첫 번째 충전 배터리는 리튬 금속을 산화전극에 썼는데, 전극이 전해질과 화학적으로 반응하며 배터리가 고장 나요. 휘팅엄의 리튬 배터리는 리튬 이온이 환원전극의 이황화타이타늄에 저장된다는 게 장점이에요. 배터리를 사용할 때에는 리튬 이온이 산화전극에서 환원전극으로 흘러가고, 충전할 때에는 리튬 이온이 다시 돌아와요.

1970년대에 석유 위기를 경험한 존 구디너프는 대체 에너지 개발에 관심이 많았어요. 하지만 링컨 연구소에서는 미국 공군의 자금 지원을 받아 제한적인 연구만 허용했어요. 그래서 구디너프는 영국 옥스퍼드 대학교에서 무기 화학과 교수직을 제의하자 바로 이동하여, 에너지 연구에 뛰어들었죠.

존 구디너프는 환원전극에 금속 황화물 대신 산화 금속을 사용하면 더 높은 전위를 가질 수 있다는 것을 알았어요. 그래서 그가 속한 연구 그룹 사람들은 리튬 이온을 이용했을 때 고전압을 내고, 리튬 이온을 제거해도 붕괴되지 않는 금속 산화물 찾기에 나섰죠. 그리고 그의 기대보다 더 좋은 성과가 나타났어요. 휘팅엄 배터리가 2V를 조금 넘는 전압을 보인 반면 구디너프가 찾은 리튬 코발트 산화물을 환원전극으로 한 배터리는 4V로 거의 두 배나 셌거든요.

구디너프는 1980년에 에너지 밀도가 높은 환원전극 물질을 발표했어요. 더 가벼우면서 더 강력한 배터리를 만들 수 있는 고용량 배터리 기술이죠. 무선 혁명을 위한 놀라운 발견이랍니다.

구디너프는 환원전극에 코발트 산화물을 사용하기 시작했어요. 이것은 배터리 전위를 거의 두 배로 높이며 훨씬 더 강력하게 만들었어요.

상용화할 수 있는 리튬 이온 배터리 개발

서양에서는 석유가 저렴해지면서 대체 에너지 기술 투자와 전기 자동차 개발에 관심이 쏠렸어요. 하지만 일본은 달랐어요. 일본 전자 회사

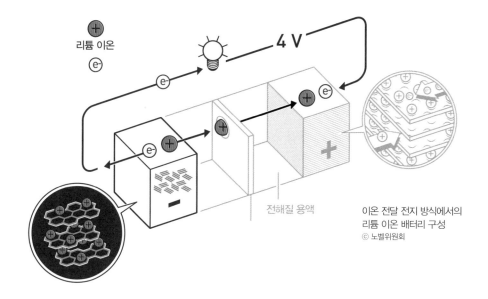

전해질 용액

이온 전달 전지 방식에서의
리튬 이온 배터리 구성
ⓒ 노벨위원회

들에서는 비디오 카메라와 무선 전화기, 컴퓨터 같은 전자 제품이 무선
으로도 자동할 수 있도록 하는 가벼운 충전 배터리를 원했답니다. 이런
기업의 움직임을 빠르게 알아챈 사람이 아사히 카세이의 요시노 아키
라였어요. 그는 "나는 단지 트렌드가 움직이는 방향을 냄새로 알아냈어
요. 후각이 좋다고 할 수 있죠."라고 말했을 정도죠.

　뛰어난 충전 배터리 개발에 나선 요시노 아키라는 구디너프의 리튬
코발트 산화물을 환원전극으로 하고, 각종 탄소 물질을 산화전극으로
사용했어요. 이때까지 연구자들은 리튬이온이 흑연 분자 층에 삽입될
수 있음을 알려 줬죠. 하지만 흑연은 전해질 용액에 의하여 분해됐어요.

　요시노 아키라는 흑연 대신에 석유코크스를 사용하고 놀랐답니다.
석유코크스에 전자를 충전했더니 리튬 이온이 빨려 들어갔거든요. 그
리고 배터리를 켜자 전자와 리튬 이온이 환원전극의 코발트 산화물을
향해 흘러갔어요. 요시노 아키라가 개발한 리튬 이온 배터리는 안정적

이고 가벼우며, 배터리 저장 용량이 크고, 4V로 높은 전압을 나타냈어요.

리튬 이온 배터리의 가장 큰 장점은 리튬 이온이 전극에 삽입된다는 거예요. 리튬 이온 배터리를 충전하거나 사용할 때, 리튬 이온은 주변에 반응하지 않고 전극 사이로 흘러요. 때문에 배터리 수명도 길고, 수백 번 이상 충전해서 사용할 수 있는 거예요.

또 다른 장점은 안정성이에요. 1986년 요시노 아키라가 배터리의 안전성을 시험하려고 큰 철조각을 배터리에 떨어뜨렸어요. 하지만 아무 일도 일어나지 않았죠. 하지만 리튬 금속이 들어간 배터리로 실험을 하자 강한 폭발이 일어났어요. 이때 요시노 아키라는 "리튬 이온 배터리가 탄생한 순간"이라고 말했다고 해요.

요시노 아키라는 최초로 상용화할 수 있는 리튬 이온 배터리를 개발했어요. 환원전극은 구디너프의 리튬 코발트 산화물을, 산화전극은 리튬 이온을 삽입할 수 있는 탄소 물질인 석유코크스를 사용했죠. 리튬 이온이 전극 사이를 왔다 갔다 하면서 배터리 수명이 길어져요.

1991년 일본 소니에서 최초로 리튬 이온 배터리를 판매하기 시작하면서 전자 제품 혁명으로 이어졌어요. 휴대전화 크기가 줄고, 컴퓨터는 들고 다닐 수 있을 정도로 가벼워졌고, MP3 플레이어와 태블릿도 개발되었죠.

이후에 전 세계 과학자들이 더 나은 배터리를 찾기 위해 주기율표를 뒤졌어요. 하지만 아직까지 리튬 이온 배터리보다 높은 용량과 전압을 능가하는 것을 발명하지는 못하고 있어요. 대신 리튬 이온 배터리는 계속 나아지고 있어요. 존 구디너프는 코발트 산화물을 철인산염으로 대체하여 배터리를 더욱 환경 친화적으로 만들었거든요.

특히 리튬 이온 배터리는 청정 에너지 기술과 전기 자동차 개발을
가능하게 하여 온실가스와 미세 먼지 배출 감소에 기여하고 있답니다.
스탠리 휘팅엄, 존 구디너프, 요시노 아키라는 무선과 화석 연료 없는
사회를 여는 데 필요한 리튬 이온 배터리를 만들었어요. 덕분에 인류는
큰 도움을 받고 있어요.

확인하기

2019 노벨 화학상을 수상한 과학자들이 이룬 성과와 업적에 대한 이야기를 잘 읽었나요? 휘팅엄 교수는 리튬을 이용한 배터리를 시작했고, 구디너프 교수는 기존 리튬 배터리의 성능을 향상시켰으며, 아키라 교수는 리튬 이온 배터리를 실생활에서 널리 사용할 수 있도록 상용화했습니다. 이런 과학자들의 노력을 친구들이 잘 이해했는지, 문제를 풀면서 확인해 보세요!

01 다음 중 2019 노벨 화학상 수상자가 **아닌** 사람을 고르세요.
  ① 요시노 아키라
  ② 알레산드로 볼타
  ③ 스탠리 휘팅엄
  ④ 존 구디너프

02 전기가 없으면 현대인들이 살아가는 데 많은 불편함이 있어요. 다음 중 전기가 없어도 사용하는 데 문제가 **없는** 기기를 고르세요.
  ① 자동차
  ② 스마트폰
  ③ 손전등
  ④ 자전거

03 배터리는 한 번 쓰면 더 쓸 수 없는 배터리와 다 쓰고 다시 충전할 수 있는
배터리로 나눌 수 있어요. 다음 중에서 충전해서 계속 쓸 수 없는 배터리를
고르세요.
① 알카라인 배터리
② 니켈 수소 배터리
③ 리튬 이온 배터리
④ 납충전 배터리

04 다음 중에서 배터리 개발에 이용한 물질을 모두 고르세요.
① 수소
② 황산 구리
③ 리튬
④ 아연

05 다음 빈칸에 알맞은 단어를 고르세요.

배터리는 화학 반응을 이용해서 전기를 생산해요. 일반 배터리는 반응이 끝나면
더 이상 쓸 수 없어요. 그런데 전기를 다 사용한 배터리에 화학 반응을 반대로 일
어나게 만들어 전기를 충전할 수 있는 배터리가 개발되었어요. 화학 반응을 역으
로 일으켜 다시 쓸 수 있는 전지를 (   )라고 해요.

① 습전지
② 일차 전지
③ 건전지
④ 이차 전지

06 다음 중 배터리를 발명한 과학자와 업적이 **잘못** 연결된 것을 고르세요.
① 루이지 갈바니 – 동물 전기
② 알레산드로 볼타 – 건전지
③ 가스통 플란테 – 납충전 배터리
④ 토머스 에디슨 – 니켈 철 충전 배터리

07 다음 중 배터리를 구성하는 네 가지 핵심 구성 요소가 **아닌** 것을 고르세요.
① 양극
② 음극
③ 전해질액
④ 금속

08 다음 중 리튬이 배터리에 적합한 이유를 모두 고르세요.
① 가벼운 금속으로 배터리를 가볍게 만들 수 있다.
② 폭발 가능성이 있다.
③ 불안정한 원소이지만 반응성이 매우 크다.
④ 매장량이 매우 많아 쉽게 구할 수 있다.

09 다음 중 리튬이온 배터리에 대한 설명이 **잘못된** 것을 고르세요.

① 리튬이온 배터리는 수명이 길다.

② 리튬이온 배터리는 수백 번 이상 충전해 사용할 수 있다.

③ 리튬이온 배터리는 리튬금속 배터리와 비슷하게 폭발할 수 있어 안전하지 않다.

④ 리튬이온 배터리는 청정에너지 기술과 전기자동차 개발을 가능하게 해 온실가스와 미세먼지 배출 감소에 기여하고 있다.

10 다음 빈칸에 들어갈 알맞은 말을 고르세요.

> 2019 노벨 화학상 수상자들의 노력으로 현재 인류는 가볍고, 다시 충전할 수 있는 리튬 이온 배터리를 스마트폰에서부터 노트북 컴퓨터, 전기 자동차에 이르기까지 널리 사용하고 있어요. 특히 태양광과 풍력 발전으로 얻은 에너지를 저장할 수 있어, 무선과 (　　)가(이) 없는 사회를 이끌고 있어요.

① 태양광 발전

② 친환경 에너지

③ 화석 연료

④ 풍력 발전

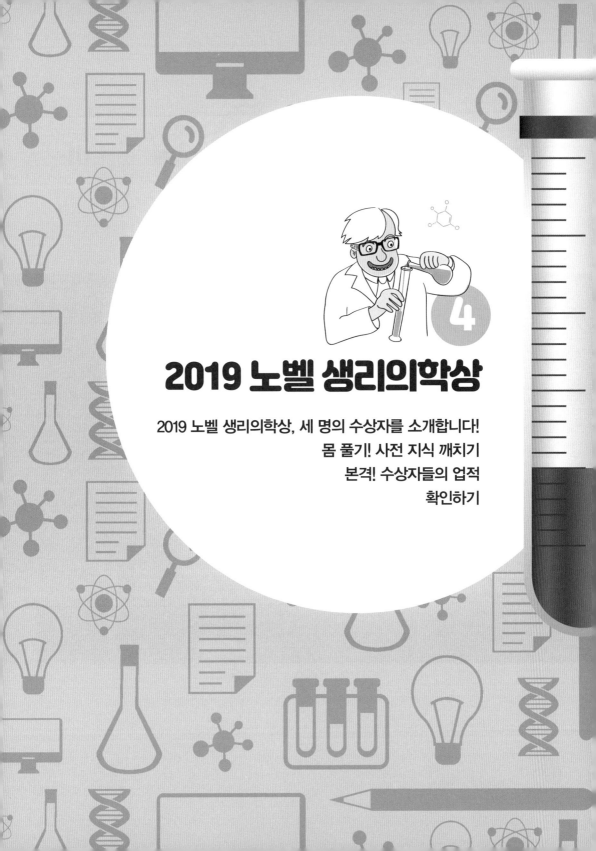

4

2019 노벨 생리의학상

2019 노벨 생리의학상, 세 명의 수상자를 소개합니다!
몸 풀기! 사전 지식 깨치기
본격! 수상자들의 업적
확인하기

2019 노벨 생리의학상,
세 명의 수상자를 소개합니다.
- 윌리엄 케일린, 피터 랫클리프, 그렉 세멘자

스웨덴 카롤린스카연구소 노벨위원회에서는 2019년 11월 7일(현지 시간) 노벨생리의학상 수상자로 윌리엄 케일린(62) 미국 하버드대 의대 하워드 휴즈 연구소 교수와 피터 랫클리프(65) 영국 옥스퍼드대 프랜시스크릭 연구소 교수, 그렉 세멘자(63) 미국 존스홉킨스대 세포공학연구소 교수를 선정했다고 발표했습니다. 세 명의 수상자는 인체 세포가 산소의 농도를 감지하고 이에 적응하는 메커니즘을 밝혔습니다. 수상자들은 연구를 통하여 인류가 암과 빈혈 등 산소 농도 관련 질병을 치료할 수 있는 방법을 연구하는 데 새로운 이정표를 제시했습니다.

세 명의 수상자들은 이미 2016년 생명과학 분야의 노벨상으로 불리는 '래스커 상'을 수상했습니다. 지난 73년간 래스커상 수상자 300여 명 가운데 87명이 노벨상을 수상했습니다. 이 때문에 래스커상은 향후 노벨상의 향방을 짐작할 수 있는 상으로 여겨진답니다. 세 명의 수상자도 래스커상을 나란히 수상한 이후 3년 만에 노벨상을 거머쥐었어요.

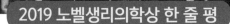

"
세포가 산소 농도에 따라
어떻게 반응하고 적응하는지
밝혀낸 공로
"

윌리엄 케일린 미국 하버드대 의대 하워드 휴즈 연구소 교수
1957년 미국 뉴욕에서 출생
1979년 미국 듀크대 수학 및 화학과 졸업
1982년 미국 듀크대 의학박사 취득
1987~1990 미국 보스턴 하버드 의대 산하 대이나파버 암
연구소에서 종양학 연구자로 재직
1991년~ 현재 미국 하버드대 의대 교수

피터 랫클리프 영국 옥스퍼드대 프랜시스크릭 연구소 교수
1954년 영국 랭커셔주에서 출생
1978년 영국 케임브리지대 내외과 졸업
1987년 영국 케임브리지대 의학박사 취득
1990~2015년 영국 옥스퍼드대 교수
2016년~현재 영국 프랜시스크릭 연구소 교수

그렉 세멘자 미국 존스홉킨스대 세포공학연구소 교수
1956년 미국 뉴욕에서 출생
1978년 미국 하버드대 졸업
1984년 미국 펜실베이니아대 의학박사 취득
현재 존스홉킨스 의대 교수

THE
NOBEL
PRIZE

몸 풀기, 사전 지식 깨치기

생명 유지의 필수, 산소

산소가 없는 세상을 상상해 본 적이 있나요? 코와 입을 막고 숨을 꾹 참아 볼까요? 십 초만 지나도 가슴이 턱 막히고 이십 초 정도 지나면 얼굴이 빨갛게 달아오릅니다. 더 이상 숨을 참을 수 없어 '파' 하고 코와 입에서 손을 뗀 뒤 거칠게 숨을 내쉬었던 경험이 모두 있을 것입니다. 만약 사고가 나서 산소가 결핍되면 5분이 지나 뇌사 상태에 빠집니다. 8분이 지나면 목숨을 잃어요.

이렇듯 산소는 인간에게 필수 물질이에요. 이뿐인가요? 우리가 살고 있는 주변의 물건들, 생태계를 이루는 미생물, 식물, 동물 들이 생명을 이루어 나가기 위해 꼭 필요로 하는 물질이에요.

우리 주변에 늘 존재하는 물질이기 때문에 그 중요성과 가치를 깊게 생각하지 못할 수 있지만, 단 1분만이라도 우리 주변에 산소가 없다는 생각을 해 본다면 산소가 얼마나 우리의 삶에 중요한지 금방 알 수 있을 것입니다.

산소는 원소 기호가 O이고 원자 번호는 8번이에요. 보통 우리가 호흡할 때 쓰는 산소는 산소 원자 두 개가 결합한 분자 상태로 색, 맛, 냄새가 없는 기체입니다. 산소는 공기의 주성분이고 지구뿐 아니라 우주 전체에 걸쳐 널리 퍼져 있습니다. 다른 원소와 다양하게 공유 결합[1]을 한 상태로 존재해요.

산소의 원자 구조

산소를 세계 최초로 발견한 사람은 조지프 프리스틀리라는 영국 과

---

1 공유 결합이란 두 원자가 각 원자에 속해 있던 전자를 공유하여 공유 전자쌍을 형성하는 결합입니다. 공유 결합을 통해 각 원자는 최외각 전자 궤도를 완전히 채워 안정된 전자 구조를 이룰 수 있습니다.

조지프 프리스틀리

라부아지에

학자에요. 프리스틀리는 18세기 산화 수은을 가열하는 도중 발생한 기체가 촛불을 더 잘 타오르도록 한다는 것을 관찰해 냈어요.

이후 프랑스의 화학자 앙투안 라부아지에가 이 기체의 이름을 '산소'로 명명했어요. 라부아지에는 근대 화학의 아버지라 불릴 정도로 과학사에 큰 업적을 남긴 인물이에요. 라부아지에는 산소에 의한 산화 작용, 산화 작용과 호흡의 유사점을 발견해 과학을 크게 발전시켰어요. 라부아지에는 1775년 공기 중 특정 성분이 생물의 호흡과 관계되어 있다는 사실을 발견했어요. 사실 이 공기는 산소로 이미 프리스틀리가 발견했던 것이었지요. 라부아지에는 1777년 발표한 논문에서 모든 산(酸)은 공기 내 특정 성분에 의해 생성된다고 주장했고 이를 'principe oxygine'라고 이름지었어요. 이는 그리스어로 '산을 생성하는 것'이란 뜻이에요. 바로 이 뜻이 산소의 어원이 되었어요.

산소는 공기 중 약 21%를 차지해요. 지각에 존재하는 산소는 대부분 물, 규산염, 산화물의 형태입니다. 산소는 지구뿐 아니라 우주에도 넓게 분포하는데, 우주에서 수소와 헬륨 다음으로 많이 존재하는 원소에요. 그러나 수소와 헬륨에 비하면 그 비율은 낮아요.

많은 양의 산소가 호흡과 연소에 사용되죠. 대기 중 산소의 비율은 거의 일정하게 유지되고 있어요. 이는 식물의 광합성 때문이에요. 광합성이 진행되면서 이산화탄소와 물이 소비되고 포도당과 산소가 생성됩니다.

동위 원소와 동소체로서의 산소

대기 중의 산소는 세 종류가 있어요. ^{16}O가 99.759%로 대부분이에요. 이외에 ^{17}O가 0.037%, ^{18}O가 0.204%를 차지해요. 이외에 ^{14}O, ^{15}O, ^{19}O가 있어요. 이 세 종류의 원소는 인공적으로 합성되는 방사성 동위 원소에요. 이 가운데 반감기가 가장 긴 것은 ^{15}O로서 120초입니다. 방사성 동위 원소는 어떤 원소의 동위 원소 가운데 방사능을 지니고 있는 것을 말합니다. 이 방사성 동위 원소들은 종류에 따라 붕괴 방식이 다릅니다. 방사성 동위 원소는 에너지를 가진 방사선을 방출한 뒤 안정된 동위 원소로 붕괴합니다. 반감기는 어떤 특정 방사성 핵종(核種)의 원자 수가 방사성 붕괴에 의해서, 원래의 수의 반으로 줄어드는 데 걸리는 시간을 말합니다. ^{15}O의 반감기가 120초라는 말은 ^{15}O의 경우 120초가 지나면 핵종의 원자 수가 절반으로 줄어든다는 말입니다.

산소의 동소체는 이원자 분자 형태의 O_2, 오존으로 알려진 삼원자 분자 형태의 O_3, 희귀하고 불안정한 O_4가 있어요. O_4는 옅은 푸른 빛깔을 띠는데 쉽게 분해되어 O_2분자 두 개를 만들어 내요. O_3는 지표로부터 15~40km 고도의 오존층에 모여 있어요. 오존층은 태양으로부터 지구에 들어오는 자외선을 거의 흡수하여 생물이 지구에 살 수 있도록 돕습니다. 자외선은 태양광의 스펙트럼을 사진으로 찍었을 때, 가시광선보다 짧은 파장으로 눈에 보이지 않는 빛을 말합니다. 사람의 피부를 태우거나 살균 작용을 합니다. 적절한 양은 이롭지만 자외선에 과도하게 노출될 경우 피부암에 걸릴 수도 있습니다.

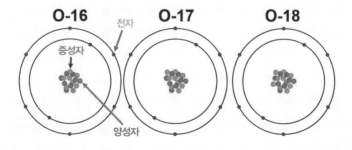

산소와 생물의 진화

산소 분자는 고원생대에 처음 지구에 나타난 것으로 추정됩니다. 산소 분자는 고세균이나 세균 같은 혐기성 세균의 대사 과정에서 만들어졌습니다. 혐기성 세균은 산소가 없는 환경에서 살아가는 세균을 말합니다. 이들은 산소 대신 유기물을 분해한 에너지를 이용해서 살아갑니다.

혐기성 세균이 증가하면서 자연스럽게 대기 중에는 산소의 양이 늘어났습니다. 산소의 양이 늘어나자 산소를 사용하지 않는 혐기성 세균이 오히려 죽게 되는 부작용이 일어났습니다.

그런데 위기는 기회가 된다는 말이 있듯, 산소의 증가는 산소를 이용하는 생물이 새롭게 등장하는 계기가 되기도 했습니다. 이 시기 산소가 대기 중에서 오존층을 형성했습니다. 이 오존층이 태양으로부터 지구에 도달하는 자외선을 막아 주었습니다. 오존층이 형성되면서 바다 또는 강에서 살던 생물이 육지 위로 나갈 수 있게 되었습니다. 오존층 형성 전에는 자외선이 너무 강해서 육지에서 생물체가 살 수 없었습니다. 이후 산소를 만들어 내는 광합성 생물이 늘어납니다.

산소는 대부분 광합성 작용의 결과물입니다. 광합성으로 만들어지는 산소의 약 4분의 3은 대양의 식물성 플랑크톤과 조류가 만들고, 나머지 4분의 1은 육상 식물이 만들어 냅니다.

세포 호흡

산소는 호흡을 통해서 체내로 들어와 음식물을 에너지원으로 바꿉니다. 호흡은 산소를 이용해 음식물을 에너지원으로 바꾸는 과정입니다.

광합성이란

광합성이란 이산화탄소와 물을 사용해서 탄수화물과 산소를 만들어 내는 과정입니다. 광합성의 반응식은 아래와 같습니다.

$$6CO_2 + 6H_2O \longrightarrow C_6H_{12}O_6 + 6O_2$$

광합성은 크게 명반응과 캘빈 회로(암반응)로 구성됩니다. 산소는 명반응 과정에서 생성됩니다. 명반응 과정에서 엽록체에 존재하는 수많은 색소 분자가 빛 에너지를 엽록소로 집결시켜요. 이렇게 모인 빛 에너지는 전자로 전달되어 전자를 들뜨게 만들죠. 들뜬 전자의 에너지는 ATP를 생성하는 데 쓰여요. 최종적으로 NADP+로 이동해 NADPH를 만들어 냅니다. 이후 ATP와 NADPH는 캘빈 회로에서 탄수화물을 만드는 데 사용됩니다. 이때 물을 분해해 전자를 얻고 산소와 수소 이온이 생성됩니다. 이때 생성된 산소는 식물의 기공을 통해 대기 중으로 빠져나갑니다.

세포 호흡은 해당 과정 TCA 회로, 산화적 인산화 과정으로 나뉩니다. 이 중 산소가 관여하는 과정은 산화적 인산화 과정입니다. TCA 회로에서 생성된 NADH는 미토콘드리아 내막에 있는 단백질로 전자를 전달합니다. 단백질 복합체에서 전자가 가진 에너지는 ATP를 생성하

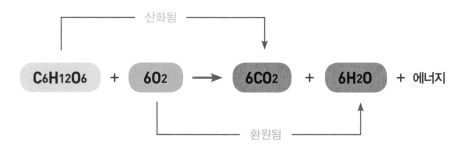

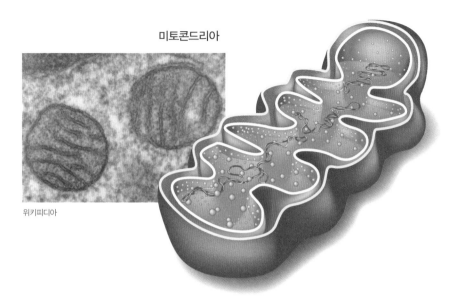

미토콘드리아

위키피디아

는 데 사용됩니다. 마지막으로 전자는 산소로 전달되고 수소 이온과 결합해서 물을 만들어 냅니다.

　TCA 회로를 발견한 과학자는 영국의 생화학자인 크렙스와 F. 리프만입니다. 이들은 이 공로로 1953년 노벨 생리 · 의학상을 공동 수상했습니다.

　산소를 이용하여 에너지를 생산하는 기관은 미토콘드리아입니다. 미토콘드리아는 '세포 내 공장'이라고도 부르는데, 내부 구조는 마치 끈을 말아 놓은 것처럼 내막이 구불구불하게 배열되어 있습니다. 여러 유기 물질에 저장된 에너지를 산화적 인산화 과정을 통하여 생명 활동에 필요한 아데노신삼인산(ATP)의 형태로 변환합니다. 미토콘드리아에서 일어나는 ATP 에너지 대사 과정을 밝힌 오토 바르부르크는 1931년 노벨 생리의학상을 받았습니다.

미토콘드리아는 자체적으로 미토콘드리아 DNA와 RNA라는 유전 물질을 갖고 있습니다. 특히 이 자체적인 DNA의 존재와 이중 막 구조는 미토콘드리아뿐만 아니라 광합성이 일어나는 엽록체에서도 나타나는 현상입니다. 이 공통점을 통하여 오래전 세균에 의한 세포 내 공생의 결과로 진핵생물의 탄생이 이루어졌을 것으로 여겨집니다.

산소는 공기 중에서 20% 정도를 차지할 정도로 흔하지만 우리 몸에 저장되지는 않습니다. 이 때문에 인체는 혈액 중 산소의 양을 감지하여 일정 수준의 산소량이 체내에 유지되도록 조절합니다. 1938년 노벨상을 수상한 코르네유 장 프랑수아 하이만스는 목 양 끝 혈관에 '캐로티드체'라는 것이 혈액 내 산소량을 감지하고 호흡량을 조절한다는 연구 공로를 인정받았습니다. 이렇듯 산소를 주제로 노벨상이 수여된 횟수는 세 번이나 됩니다. 그리고 2019년까지 포함하면 네 번으로 늘어납니다. 과학계의 저명한 상으로 널리 알려진 노벨상이 네 번이나 주목한 만큼 산소는 우리 몸에서 아주 중요한 것임에 틀림없습니다.

산소를 온몸으로 나르는 순환계

인체 내 혈액은 심장을 엔진 삼아 평생 온몸을 일정한 방향으로 순환해요. 혈액은 폐에서 산소를 얻어 이를 온몸의 조직과 세포로 전달합니다. 심혈관계를 통한 산소 공급은 동물의 생존에서 가장 중요한 활동입니다. 뇌에 산소가 공급되지 않으면 단 1분도 안 돼 의식을 잃고 뇌세포가 손상될 정도로 산소는 우리 몸에 필수적인 물질이에요.

산소가 온몸의 세포로 전달될 수 있는 이유는 혈액 속의 적혈구 때문입니다. 적혈구는 붉은색의 납작한 원반 모양이에요. 원반 모양의 구조는 적혈구 세포막과 산소와의 접촉 면적을 최대화하여 폐포의 모세

혈액이 산소와 결합하면 붉은색을 띤다(왼쪽). 반면 산소가 떨어진 혈액은 검붉은 색으로 변한다(오른쪽).
©Rogeriopfm at en.wikipedia.com

혈관을 통과하면서 산소와 최대한 결합하는 데 유리하게 만들기 위해서입니다.

적혈구에는 헤모글로빈이라는, 산소와 결합하는 단백질이 있는데 적혈구 한 개당 헤모글로빈이 약 2억 5000만 개 정도 포함되어 있습니다. 헤모글로빈 내부의 철 이온이 산소와 결합해서 산화되기 때문에 적혈구는 붉은색으로 보입니다. 혈액이 붉은색으로 보이는 이유가 이 때문이기도 합니다. 정상의 성인 남자의 경우 혈액 1ml당 적혈구 수는 40억~60억 개에 달합니다. 적혈구는 골수에서 만들어지는데 보통 100~120일간 온몸을 순환하면서 산소를 운반합니다.

저산소 상태에서 혈관 만들고 적혈구 늘어나

저산소 상태일 때 우리 몸은 어떻게 변화할까요. 저산소 상태에 빠지면 우리 몸은 온몸으로 혈액을 더 많이 전달하여 산소 공급량을 정상 상태로 되돌리려고 노력해요.

먼저 혈관을 새로 만드는 혈관 신생(angiogenesis) 작용이 일어납니다. 동맥과 정맥은 물론 림프관과 모세혈관에서도 혈관 신생 현상이 일어나요. 혈관은 온몸의 세포에 산소와 영양분을 공급하기 때문에 체내에 존재하는 모든 세포는 혈관으로부터 약 100마이크로미터(㎛) 이내의 거리에 존재합니다. 이는 산소가 세포로 확산될 수 있는 최대 거리가 100마이크로미터(㎛)이기 때문이에요. 온몸에 분포하는 모든 세포가 혈관과의 거리를 적정하게 유지하기 위하여 모세혈관이 온몸에 퍼

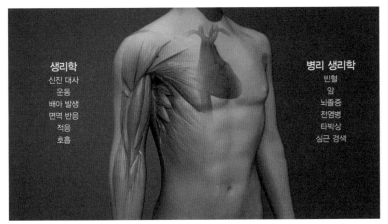

산소 농도는 신진 대사나 면역 반응, 운동 적응 능력 등 다양한 분야에 영향을 줍니다. 이외에도 빈혈, 암 등 기타 질병의 치료를 위해 산소 적응 메커니즘을 이용하기 위한 연구가 진행되고 있습니다.
©노벨위원회

저 있습니다. 만일 세포와 혈관과의 거리가 이 범위를 벗어나게 되면 해당 세포는 저산소 환경에 놓이게 되요. 이때 세포는 혈관이라는 '새로운 길'을 놓아 세포에 산소를 공급하게 됩니다.

두번째, 적혈구가 늘어납니다. 적혈구는 혈액의 한 성분으로 산소를 운반하는 역할을 합니다. 적혈구는 체내에서 계속 만들어져야 하는데 이 과정은 신장에서 내보내는 '적혈구 생성 인자(EPO, Erythropoietin)'가 조절합니다. EPO의 발견으로 세포가 어떻게 산소를 감지하는지 알려지기 시작했습니다.

산소와 질병

빈혈이란 몸에 적혈구의 수가 부족한 증상을 말합니다. 빈혈의 원인은 다양한데, 가장 빈번한 원인은 철분 결핍입니다. 철분 결핍성 빈혈은 여성 다섯 명 중 한 명, 임산부의 50%, 남성의 3%에서 발견될 정

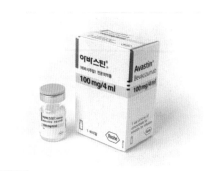

아바스틴
https://www.roche.co.kr/content/products/p_avastin.rck

도로 흔한 질병입니다. 골수에서 혈색소를 만들 때 필요한 철분이 결핍되어 적혈구에 필요한 충분한 혈색소를 생성하지 못해서 발생합니다.

한국인 사망 원인 1위인 암도 산소 농도와 밀접한 관련이 있습니다. 전문가들은 산소 농도에 따른 혈관 신생 작용을 제어하여 암세포를 없애거나 항암제의 효과를 높이는 방법을 연구하고 있습니다.

현재 혈관 신생 억제제인 아바스틴(Avastin)을 비롯한 많은 항 혈관 신생 약품이 임상에 사용되고 있습니다. 아바스틴은 대장암 치료제로 유명한데, 2004년에 처음으로 미국 식품의약국(FDA)으로부터 혈관 신생 억제제로 공식 승인을 받았습니다. 이 약은 세포에 영양분을 공급해 주는 혈관의 생성을 막아 암세포를 죽게 합니다.

암세포는 정상이었던 조직 세포가 어떤 원인으로 무제한 증식하여 주위의 조직 상태나 환경에 관계없이 급속히 성장해서 인간의 생명을 앗아 가는 악성 세포를 말합니다. 작은 세포 덩어리가 갑자기 커지면 혈관으로부터 공급받는 산소가 부족해지기 때문에 사멸(死滅)해야 합니다. 그런데 암세포 덩어리는 산소가 부족해도 살아남아 더욱 증식하게 됩니다. 산소가 부족할 때에도 적응해서 살아남는 암세포의 특정 구조가 있기 때문으로 보입니다. 그리고 이 특정 구조를 연구하여 분자적 수준에서 분석해 낸 과학자 세 명이 2019년 노벨 생리의학상을 수상했습니다.

몸속 산소 메커니즘으로
빈혈과 암을 정복할 것이다

산소량에 따라 조절되는 적혈구 생성 인자 EPO

　몸속에서 산소를 감지하는 것은 무엇일까요. 이 의문을 푼 과학자가 바로 올해 노벨 생리의학상 수상자인 세멘자와 랫클리프, 케일린 교수 3인입니다.

　1900년대 초 이 의문을 풀기 위한 힌트는 이미 나와 있었습니다. 혈액 내에서 적혈구를 만들어 내는 '적혈구 생성 인자(EPO)'를 연구하는 과정에서 세포가 저산소 상황에 적응하기 위해서 일련의 반응을 일으킨다는 사실이 밝혀진 것입니다. EPO는 신장에서 생산되는 호르몬입니다. 골수에 작용하여 적혈구 생산을 촉진합니다. 이 호르몬은 산소의 영향을 받습니다. 저산소 상황이 되면 EPO의 생산량이 늘어납니다. 이렇게 늘어난 EPO는 골수에서 적혈구가 생성되도록 돕습니다. 결과적으로 산소 운반을 할 수 있는 적혈구의 수가 늘어나 산소 운반량을 늘립니다. 결국 저산소 상황이어도 인체에 공급되는 산소량이 늘어나 인체가 저산소 상황에 적응할 수 있게 됩니다.

이렇듯 저산소 상황에서 EPO의 도움으로 적응이 가능하다는 사실은 일찍이 알려졌습니다. 그런데 어떻게 산소 농도가 EPO의 발현을 증가시키는지는 알 수 없었습니다. 1950년대 급격히 발달한 분자 생물학은 이 의문을 해결할 수 있는 과학적 기반을 마련해 주었습니다. 분자 생물학을 통하여 세포가 단백질을 만들고 조절하는 과정을 더욱 깊고 세세하게 알 수 있게 되었기 때문입니다.

첫 발을 내디딘 과학자는 세멘자 교수였습니다. 세멘자 교수는 산소 농도에 따라 발현이 조절되는 인자를 세계 최초로 찾아냈습니다. EPO 유전자가 산소 농도에 의해서 어떻게 발현이 조절되는지 연구하던 중 저산소 상황이 되면 EPO 유전자의 전사가 급격히 증가하는 현상을 관찰해 냈습니다. 전사는 DNA로부터 단백질을 만들 때 DNA의 유전 정보가 RNA로 옮겨 가는 과정을 말합니다.

세멘자 교수는 저산소 상황이 되면 EPO 유전자의 전사 조절을 유도하는 것이라는 가설을 세웠습니다. 그는 전사를 증가시키는 DNA 부위가 있을 것이라고 추측했습니다. 그리고 실험을 통해 이 부위를 실제로 발견해냈습니다.

이어 단백질이 DNA 분자에 결합하는 부위까지 찾아냈습니다. DNA 풋프린팅 기법을 이용했는데, 저산소 상황이 되자 이 부위에 특

10월 7일 2019 노벨 생리의학상 수상자 발표 후 세멘자 교수가 자신의 연구실에서 동료이자 2003년 노벨화학상 수상자인 피터 아그리 교수로부터 축하를 받고 있다.
https://hub.jhu.edu/2019/10/07/gregg-semenza-nobel-prize-honored-scene/

정 단백질이 붙는다는 사실도 확인해 냈습니다. 후속 실험을 통해서 이 단백질 복합체를 찾아냈고 그 이름을 HIF(Hypoxia-Inducible Factor)라고 했습니다. 드디어 HIF가 세상에 모습을 드러내는 순간이었습니다.

그는 HIF 단백질 복합체가 두 개의 단백질 HIF-1a와 ARNT로 이루어져 있다는 사실도 밝혔습니다. 저산소 상황에서 HIF가 전사 인자로 작용하여 적혈구 생성 인자 EPO를 늘리고 결과적으로 적혈구 수가 증가한다는 사실을 밝힌 것입니다.

세멘자 교수가 밝혀낸 HIF-1a는 산소 농도에 따라 그 양이 조절됩니다. 정상적인 산소 농도에서는 보통 HIF-1a가 분해되어 체내에서 제거됩니다. 아미노산 76개로 구성된 유비퀴틴이라는 단백질이 HIF-1a

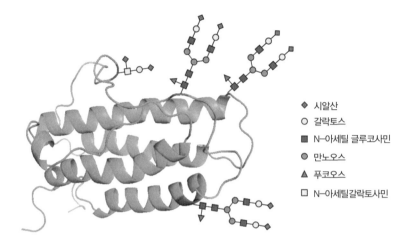

EPO 단백질 구조도

https://phys.org/news/2012-10-successful-total-synthesis-erythropoietin.html

를 분해하기 때문입니다. 저산소 상황이 되면 유비퀴틴의 HIF-1α 분해 과정이 멈춥니다. '살아남은' HIF-1α는 HIF-1α가 핵 안으로 들어가 ARNT와 함께 HIF 복합체를 만든 뒤 DNA의 HIF 결합 부위에 붙어 전사 과정이 일어나게 됩니다.

그러면 저산소 상황에서 HIF-1α의 유비퀴틴화 과정은 어떻게 조절되는 것일까요?

HIF-1α 유전자 분해 스위치 VHL

이제 과학자들은 HIF가 어떻게 산소량을 감지하는지에 주목하게 되었습니다. 이 문제를 해결할 단서는 전혀 다른 연구를 하던 케일린 교수가 제시했습니다. 암 생물학자인 케일린 교수는 희귀 유전 질환 중

케일린 교수는 월요일 아침 4시 50분 노벨상위원회로부터 수상자로 선정되었다는 전화를 받았다. 이후 케일린 교수는 옥스퍼드대에서 공부하고 있는 그의 딸 캐서린에게 전화를 했고 이어 하버드대 대학원에 재학중인 아들 트립에게 전화를 했다.

하나인 폰히펠-린다우 증후군(VHL)을 연구하고 있었습니다. 이 증후군은 VHL 유전자에 돌연변이가 생기면서 VHL 단백질의 기능이 망가져 발생한다고 알려져 있습니다. 이 증후군에 걸리면 암 발병률이 높아집니다.

케일린 교수는 폰히펠-린다우 증후군의 원인 유전자인 VHL을 밝혀낸 과학자입니다. 케일린 교수는 VHL의 돌연변이가 신장암 등의 질병을 일으킨다는 사실을 알아냈습니다. 망가진 VHL 유전자를 갖고 있는 신장암 세포에 VHL을 정상 발현시키면, 암세포의 성장이 감소한다는 연구 결과를 발표했습니다. 이로써 VHL 유전자가 암을 억제한다는 역할을 한다는 사실을 알아낸 것입니다.

케일린 교수는 이후 신장암 세포에서 VHL 유전자가 망가졌을 때

벌어지는 일을 살펴봤습니다. 케일린 교수는 1996년 HIF에 의해 조절되는 유전자들이 VHL 유전자가 망가진 세포에서 유독 활성화된다는 사실을 확인했습니다. 이에 주목한 케일린 교수는 후속 연구를 통해서 VHL 단백질이 HIF에 유비퀴틴 단백질을 달아 단백질 분해를 유도한다는 사실을 밝혀냈습니다. VHL이 단백질을 분해시키는 유비퀴틴 과정의 '신호'가 된다는 말입니다. 정상 세포에서 VHL을 만난 HIF는 유비퀴틴화를 통해 수 분 안에 바로 분해되고 맙니다. 반면 저산소 상태에서 HIF는 안정화되고 핵 안으로 들어가 HRE에 결합하여 다양한 유전자의 발현을 유도해서 저산소 상황을 극복합니다. 즉, 세멘자 교수의 연구를 통하여 HIF-1α의 분해를 유도하는 '스위치'가 바로 VHL이라는 사실이 밝혀진 것입니다.

이후 케일린 교수는 랫클리프 교수와 함께 HIF가 어떻게 산소량을 인식해서 결합하고 반응하는지 규명하는 데 몰두했습니다. 그들은 적정량의 산소가 있을 경우 HIF-1α에 존재하는 아미노산 중 하나인 '프롤린'에 수산화기(-OH)가 붙는다는 사실을 밝혔습니다. VHL은 수산화된 HIF-1α를 인식해서 분해시킵니다. 그러나 저산소일때 HIF-1α에는 수산화기(-OH)가 붙지 않았고, VHL이 인식하지도 못했습니다. 결과적으로 HIF-1α는 분해하지 못하고 핵 안으로 들어가 전사 인자로 작용하게 되는 것입니다. 이때 발현되는 유전자 가운데는 암 덩어리 속까지 영양과 산소를 공급하는 새 혈관을 만들도록 신호를 보내는 유전자인 VGEF도 포함돼 있었습니다. '세포가 어떻게 산소 농도를 인지하는가'에 대한 질문의 답이 완성된 순간이었습니다.

피터 랫클리프 교수
©노벨위원회

빈혈과 암 치료법 수립에 기여

HIF가 세상에 얼굴을 내민 뒤 약 30년간 저산소 상황에서의 세포 내 조절 메커니즘 연구는 눈부신 속도로 발전해 왔습니다. HIF는 기초 과학 분야뿐 아니라 신약 개발 분야에서 특히 매우 중요한 연구 주제입니다. 산소 감지 메커니즘은 빈혈과 암, 대사성 질환, 심장 마비, 뇌졸중 등 관련되지 않는 질병을 찾기 힘들 정도이기 때문입니다. 노벨위원회에서도 2019 노벨 생리의학상 수상자를 발표하는 자리에서 HIF의 양을 조절하는 것이 빈혈과 암 치료로 연결될 것이라고 말했습니다.

암세포는 HIF-1α의 발현율이 높아진다는 연구 결과가 있습니다. 암세포는 정상 세포보다 성장 속도가 빠릅니다. 이 때문에 산소 소비량도 정상 세포보다 훨씬 많습니다. 좁은 공간에서 높은 밀도로 증식하기 때문에 저산소 상황에 직면할 수밖에 없습니다.

이때 HIF가 증가하면서 암세포의 산소 이용 효율을 높일 뿐 아니라 세포 주변의 새로운 혈관을 생성하도록 유도합니다. HIF-1α의 활성도가 높은 암세포는 다른 암세포보다 저산소 상황에서 더 잘 버티기 때

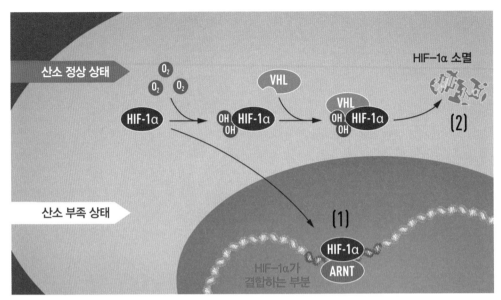

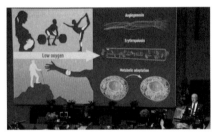

저산소 상황(hypoxia)에서 HIF-1α는 분해되지 않고 핵 안으로 들어가 ARNT 단백질과 결합하여 전사를 시작하게 된다. 정상 산소 농도 상황(normoxia)에서는 유비퀴틴화 과정을 통해 HIF-1α가 분해된다.
ⓒ노벨위원회

노벨위원회 회원인 랜들 존슨 씨가 2019년 노벨 생리학상을 수상한 학자들의 연구에 관해서 설명하고 있다.
ⓒphoto: Jonathan Nackstrand

문에 치료하기가 어렵습니다. HIF 발견은 이런 상황을 억제하는 암 치료제 개발에 큰 진전을 가져왔습니다. HIF를 억제하는 저해제는 암에서 혈관 생성을 억제하여 항암 효과를 낼 것으로 기대되고 있습니다.

빈혈의 경우 적혈구 수가 감소하거나 헤모글로빈 농도가 부족해서 혈중 산소 농도가 낮아지면서 발생합니다. 신장 세포에서 생성되는 EPO가 감소하여 빈혈에 걸리기 쉽습니다. 빈혈의 경우 HIF를 올리는 일련의 실험들이 긍정적 결과를 보여주고 있습니다.

이 밖에도 뇌에 산소를 공급하는 데 문제가 생겨 발생하는 뇌졸중, 심장 혈관이 막혀 발생하는 심근 경색 등 많은 질병이 저산소 및 산소 공급과 관련되어 있습니다. 이런 질병들 역시 저산소 상황의 세포 기전을 이용한 치료 약물이 효과적일 것으로 기대되고 있습니다. HIF는 너무 많아도, 적어도 문제가 되기 때문에 산소 센서를 조절하는 일은 매우 민감한 일이고, 이를 응용하려는 연구도 아직은 완벽하지 않은 상황입니다.

확인하기

 2019 노벨 생리의학상 수상자들의 업적에 대한 이야기를 잘 읽어 보았나요? 2019 노벨 생리의학상 수상자들은 인체가 산소 농도에 따라 적응하는 원리를 분자적 수준에서 밝혀내 암이나 빈혈 등 다양한 질병에 대한 치료법 개발에 기여한 공로를 인정받았습니다. 얼마나 잘 이해하고 있는지 살펴볼까요?

01 다음 중 2019 노벨 생리의학상을 받은 사람들을 모두 고르세요.
　① 윌리엄 케일린
　② 그레그 세멘자
　③ 혼조 다스쿠
　④ 피터 랫클리프

02 그리스어로 '산을 생성하는 것'이란 뜻으로 '산소'라는 이름을 지은 과학자는 누구일까요?
　(　　　　　)

03 이산화탄소와 물을 사용해서 탄수화물과 산소를 만들어 내는 과정을 무엇이라고 할까요?
　(　　　)

04 산소를 이용해서 음식물을 에너지원으로 바꾸는 과정을 무엇이라고 할까요.
　(　　　)

05 이것은 태양으로부터 지구에 도달하는 자외선을 막는 역할을 합니다. 이것
   것분에 생물이 바다에서 육상으로 진출해 살아갈 수 있었습니다.
   (   )

06 다음 중 2019년도 노벨생리의학상 수상자들이 발견한 단백질이 **아닌** 것
   을 고르시오.
   ① HIF-1α
   ② VHL
   ③ 유비퀴틴
   ④ EPO

07 암세포의 특징을 모두 고르시오.
   ① 정상이었던 조직 세포가 어떤 원인으로 무제한 증식해 주위 조직 상태
      나 환경에 관계없이 급속히 성장하는 세포이다.
   ② 암세포 덩어리는 산소가 부족하면 급속히 사멸한다.
   ③ 아바스틴이라는 약물은 세포에 영양분을 공급해 주는 혈관의 생성을 막
      아 암세포를 죽게 한다.
   ④ 전문가들은 산소 농도에 따른 혈관 신생 작용을 제어하여 암세포를 없
      애거나 항암제의 효과를 높이는 방법을 연구하고 있다.

7 ①,③,④
6 ③
5 오존층
4 시럽 효소
3 항원항체
2 라파마이신
1 ①,②,④

정답

참고 자료

2019 노벨 물리학상

- 노벨위원회 공식 홈페이지 www.nobelprize.org
- 미국항공우주국 외계행성 탐사 exoplanets.nasa.gov
- 〈THE NOBEL PRIZE 2019〉 과학동아 2019년 11월호 특집.
- 《웰컴 투 더 유니버스》 닐 디그래스 타이슨 외, 2019, 바다출판사.
- 《처음 읽는 우주의 역사》 이지유, 2012, 휴머니스트.
- 《날마다 천체물리》 닐 디그래스 타이슨, 2018, 사이언스북스

2019 노벨 화학상

- 위키피디아(https://www.wikipedia.org/)
- 노벨위원회 홈페이지(https://www.nobelprize.org/)
- 「과학동아」 2019년 11월호 기사 〈Prize in Physiology or medicine〉
- 「서울신문」 2019년 10월 7일 기사 〈올해 노벨 생리의학상은 '산소 호흡 원리' 규명한 英−美
  과학자들 품으로〉 https://www.seoul.co.kr/news/newsView.php?id=20191007500163#csidx446
  d2291f4d735ab63b0329ca555b4b
- 「중앙일보」 2019년 10월 7일 기사 〈2019년 노벨 생리의학상에 윌리엄 케일린, 피터 랫클리프, 그렉
  세멘자〉 https://news.joins.com/article/23597418
- 「동아일보」 2019년 10월 7일 기사 〈노벨 생리의학상 수상자 3인은 누구〉
  http://dongascience.donga.com/news.php?idx=31605
- 「어린이과학동아」 2019년 11월호 기사 〈노벨 생리의학상−산소가 부족할 때 몸속에서 어떤 일이?〉
- 「동아사이언스」 2019년 10월 8일 기사 〈[과학자가 해설하는 노벨상] 산소 감지하는 세포
  '분자스위치' 암 치료 새 장 열다〉 http://dongascience.donga.com/news.php?idx=31609
- 「동아사이언스」 2019년 10월 7일 기사 〈노벨생리의학상 과학자들, 산소에 적응하는 세포 신비 밝혀
  암치료 길 열다〉 http://dongascience.donga.com/news.php?idx=31606

2019 노벨 생리의학상

- 위키피디아(https://www.wikipedia.org/)
- 노벨위원회 홈페이지(https://www.nobelprize.org/)
- 「과학동아」 2019년 11월호 기사 〈Prize in Physiology or medicine〉
- 「서울신문」 2019년 10월 7일 기사 〈올해 노벨생리의학상은 '산소 호흡 원리' 규명한 英-美 과학자들 품으로〉 https://www.seoul.co.kr/news/newsView.php?id=20191007500163#csidx446 d2291f4d735ab63b0329ca555b4b
- 「중앙일보」 2019년 10월 7일 기사 〈2019년 노벨 생리의학상에 윌리엄 케일린, 피터 랫클리프, 그렉 세멘자〉 https://news.joins.com/article/23597418
- 「동아일보」 2019년 10월 7일 기사 〈노벨생리의학상 수상자 3인은 누구〉 http://dongascience.donga.com/news.php?idx=31605
- 「어린이과학동아」 2019년 11월호 기사 〈노벨생리의학상–산소가 부족할 때 몸속에서 어떤 일이?〉
- 「동아사이언스」 2019년 10월 8일 기사 〈[과학자가 해설하는 노벨상] 산소 감지하는 세포 '분자스위치' 암 치료 새 장 열다〉 http://dongascience.donga.com/news.php?idx=31609
- 「동아사이언스」 2019년 10월 7일 기사 〈노벨생리의학상 과학자들, 산소에 적응하는 세포 신비 밝혀 암치료 길 열다〉 http://dongascience.donga.com/news.php?idx=31606